快乐阅读1+1

天空中的云彩

王光军◎编著

郑州大学出版社
郑州

图书在版编目（CIP）数据

天空中的云彩 / 王光军编著. — 郑州 : 郑州大学出版社，2016.5
ISBN 978-7-5645-2659-7

Ⅰ. ①天… Ⅱ. ①王… Ⅲ. ①天文学—少儿读物 Ⅳ. ①P1-49

中国版本图书馆CIP数据核字(2015)第277465号

郑州大学出版社出版发行
郑州市大学路40号　　邮政编码：450052
出版人：张功员　　发行部电话：0371-66658405
全国新华书店经销
三河市南阳印刷有限公司印制
开本：870 mm×900 mm　1/16
印张：8
字数：100 千字
版次：2016 年 5 月第 1 版　　印次：2016 年 5 月第 1 次印刷

书号：ISBN 978-7-5645-2659-7　　定价：22.90 元

快乐心语

我们根据孩子的阅读习惯，将枯燥的科学文章变做短小、简练的知识小文，做到深入浅出。用精美的图片帮助孩子理解，并激发丰富的想象力。为探索太空之旅的广大少年朋友插上腾飞的翅膀。

目录
contents

OPEN

xīng xing de mì mì
星星的秘密

xiǎo shí hou cháng bèi yì shǒu ér gē tiān shang yì kē xīng dì shang yí
小时候常背一首儿歌："天上一颗星，地上一
gè dīng tiān shang de xīng xing shǔ bù qīng shuí néng bǎ tiān shang de xīng
个丁，天上的星星数不清……"谁能把天上的星
xing shǔ qīng chu ne shì shí shang méi yǒu rén shǔ de qīng yīn wèi tiān shang de xīng
星数清楚呢？事实上没有人数得清。因为天上的星
xing tài duō le duō de wǒ men méi yǒu bàn fǎ shǔ suī rán wǒ men
星太多了，多得我们没有办法数。虽然我们
yòng yǎn jing kě yǐ kān jiàn de xīng xing yǒu hěn
用眼睛可以看见的星星有很
duō dàn shì hái yǒu hěn duō wǒ men yòng yǎn
多，但是还有很多我们用眼
jing kàn bú jiàn de xīng xing suǒ yǐ wǒ men
睛看不见的星星，所以我们
yě jiù shǔ bù qīng le
也就数不清了。

xīng xing de míng àn
星星的明暗

měi dāng wǒ men tái tóu xīn shǎng tiān shang xīng xing de shí hou
每当我们抬头欣赏天上星星的时候，
zǒng shì huì fā xiàn yǒu de xīng xing hěn liàng yǒu de què hěn àn
总是会发现，有的星星很亮，有的却很暗，
zhè dào dǐ shì wèi shén me ne qí shí
这到底是为什么呢？其实
jiù liǎng gè yuán yīn yí gè shì
就两个原因，一个是
xīng xing fā guāng de néng lì
星星发光的能力
yǒu dà yǒu xiǎo yí gè shì xīng
有大有小，一个是星
xing hé wǒ men zhī jiān de jù lí yǒu yuǎn yǒu jìn
星和我们之间的距离有远有近。
fā guāng néng lì qiáng de hé lí wǒ men jìn de xīng
发光能力强的和离我们近的星
xing wǒ men jiù huì kàn zhe hěn liàng fā guāng
星，我们就会看着很亮。发光
néng lì chà de hé lí wǒ men yuǎn de xīng xing wǒ
能力差的和离我们远的星星，我
men kàn zhe jiù hěn àn
们看着就很暗。

bái tiān wèi shén me
白天为什么
kàn bú jiàn xīng xing
看不见星星

xīng xing měi shí měi kè dōu zài fā guāng kě shì wǒ men zhǐ yǒu zài wǎn shang
星星每时每刻都在发光，可是我们只有在晚上
de shí hou cái néng kàn jiàn tā men bái tiān gēn běn jiù zhǎo bú dào xīng xing de zōng
的时候才能看见它们，白天根本就找不到星星的踪
jì zhè shì yīn wèi bái tiān tài yáng zhōng de yì xiē guāng xiàn ràng dì qiú dà qì chuī
迹。这是因为白天太阳中的一些光线让地球大气吹
sàn le cóng ér jiāng tiān kōng zhào de shí fēn míng liàng suǒ yǐ wǒ men zài bái tiān
散了，从而将天空照得十分明亮，所以我们在白天
jiù gǎn jué bú dào xīng xing fā chū de guāng le yě jiù kàn
就感觉不到星星发出的光了，也就看
bú jiàn xīng xing le rú guǒ méi yǒu dà qì de cún zài
不见星星了。如果没有大气的存在，
tiān kōng shì hēi dòng dòng de jiù suàn shì yáng
天空是黑洞洞的，就算是阳
guāng shí fēn qiáng liè wǒ men yě néng kàn jiàn
光十分强烈，我们也能看见
xīngxing
星星。

yí dòng de xīng xing
移动的星星

yè wǎn rú guǒ shì qíng kōng wàn lǐ wǒ men kě yǐ kàn dào mǎn tiān xīng
夜晚，如果是晴空万里，我们可以看到满天星
xing zǐ xì guān chá wǒ men jiù huì fā xiàn xīng xing kě yǐ zǒu suī rán
星。仔细观察，我们就会发现星星可以“走”，虽然
tā men zǒu de hěn màn wèi shén me xīng xing kě yǐ zǒu ne qí shí
它们“走”得很慢。为什么星星可以“走”呢？其实，
ràng xīng xing zǒu de yuán yīn shì dì qiú de zì zhuàn hé gōng zhuàn dāng dì qiú
让星星“走”的原因是地球的自转和公转。当地球
zì zhuàn de shí hou wǒ men yě jiù gēn zhe zhuàn dòng suǒ yǐ wǒ men kàn dào de
自转的时候，我们也就跟着转动，所以我们看到的
shì xīng kōng bèi jǐng zài màn màn biàn huà dāng dì qiú zài gōng zhuàn de xiàn lù shang
是星空背景在慢慢变化。当地球在公转的线路上
shí yīn wèi suǒ chǔ de wèi zhì bù tóng suǒ yǐ
时，因为所处的位置不同，所以
kàn dào de xīng kōng yě jiù bù yí yàng zhè liǎng
看到的星空也就不一样。这两
zhǒng yùn dòng hé zài yì qǐ jiù shǐ wǒ men kàn
种运动合在一起，就使我们看
dào xīng xing měi tiān dōu
到星星每天都
zài zǒu
在“走”。

lán sè de tiān kōng
蓝色的天空

wǒ men dōu zhī dào tiān kōng shì lán sè de kě shì yǒu duō shǎo rén zhī dào tiān kōng wèi shén me shì lán sè de ne qí shí zhè shì yīn wèi dì qiú dà qì shì tài yáng guāng fā shēng sǎn shè zào chéng de dāng tài yáng guāng zhào dào dì qiú yǐ hòu zhè xiē yáng guāng jiù bèi sǎn shè xiàng qí tā fāng xiàng ér qí zhōng de lán guāng hé zǐ guāng zuì róng yì bèi sǎn shè qí tā yán sè de guāng bèi sǎn shè de hěn shǎo suǒ yǐ wǒ men kàn dào de tiān kōng kàn qǐ lái jiù shì lán sè de le

我们都知道天空是蓝色的，可是有多少人知道天空为什么是蓝色的呢？其实，这是因为地球大气是太阳光发生散射造成的。当太阳光照到地球以后，这些阳光就被散射向其他方向，而其中的蓝光和紫光最容易被散射，其他颜色的光被散射的很少，所以我们看到的天空看起来就是蓝色的了。

tiān kōngzhōng de yún cai

天空中的云彩

wǒ men jīng cháng kě yǐ kàn dào tiān kōng zhōng piāo fú zhe hěn duō bái sè de
我们经常可以看到天空中漂浮着很多白色的
yān zhè xiē yān jiù shì yún cai yún cai shì yóu xǔ duō de shuǐ zhēng
“烟”，这些“烟”就是云彩。云彩是由许多的水蒸
qì zǔ chéng ér zhè xiē shuǐ zhēng qì shì cóng dì qiú biǎo miàn shang lái de dà
气组成，而这些水蒸气是从地球表面上来的。大
hǎi shì xíng chéng dà kuài yún cai de zhǔ yào dì fang dāng tài yáng guāng zhào dào hǎi
海是形成大块云彩的主要地方，当太阳光照到海
miàn shang shí hǎi shuǐ jiù huì xī shōu yáng guāng de rè liàng zhè yàng dà hǎi biǎo
面上时，海水就会吸收阳光的热量，这样大海表
miàn shang de shuǐ jiù huì bèi zhēng fā dào tiān kōng zhōng tóng shí hǎi yáng yòu shì shí
面上的水就会被蒸发到天空中，同时海洋又是十
fēn dà de suǒ yǐ bèi zhēng fā
分大的，所以被蒸发
de shuǐ jiù hěn duō zhè xiē shuǐ
的水就很多，这些水
zhēng qì pǎo dào yì qǐ jiù
蒸气跑到一起，就
xíngchéng le yún cai
形成了云彩。

shén qí de yún biàn chéng yǔ
神奇的云变成雨

wǒ men zhī dào yún shì yóu shuǐ zhēng qì pǎo dào yì qǐ xíng chéng de rú guǒ zhè xiē shuǐ zhēng qì xiǎng yào biàn chéng yǔ nà tā men de wēn dù shǒu xiān jiù yào jiàng dī zhè yàng cái néng ràng shuǐ zhēng qì biàn chéng shuǐ kě shì zhǐ yǒu jiàng dī wēn dù hái shì bú gòu de tā men hái xū yào fēi zài kōng qì zhōng de huī chén zhè yàng cái néng xíng chéng yǔ dī dāng yǔ dī shí fēn dà de shí hou zhè xiē yǔ dī jiù huì diào xia lai biàn chéng jiàng yǔ

我们知道云是由水蒸气跑到一起形成的，如果这些水蒸气想要变成雨，那它们的温度首先就要降低，这样才能让水蒸气变成水。可是，只有降低温度还是不够的，它们还需要飞在空气中的灰尘，这样才能形成雨滴，当雨滴十分大的时候，这些雨滴就会掉下来，变成降雨。

dì qiú de xíngzhuàng
地球的形状

wǒ men shēng huó de dì qiú dào dǐ shì shén me xíng zhuàng de shì bú shì
我们生活的地球到底是什么形状的？是不是
zhēn de hé wǒ men jīng cháng wán de lán qiú yí yàng dōu shì yuán yuán de ne qí
真的和我们经常玩的篮球一样，都是圆圆的呢？其
shí dì qiú bìng bú shì zhēn zhèng de qiú xíng tā zhǐ shì yí gè hěn jiē jìn yú qiú
实，地球并不是真正的球形，它只是一个很接近于球
xíng de wù tǐ yīn wèi dì qiú zì jǐ běn shēn yě zài zhuàn dòng bìng qiě měi gè dì
形的物体。因为地球自己本身也在转动，并且每个地
fang de sù dù yě bù yí yàng suǒ yǐ dì qiú de xíng zhuàng yě bú shì hé lán qiú yí
方的速度也不一样，所以地球的形状也不是和篮球一
yàng de yuán xíng yǒu rén shuō dì qiú gèng xiàng shì
样的圆形，有人说地球更像是
yí gè lí
一个梨。

cì yǎn de tài yáng
刺眼的太阳

měi dāng wǒ men tái tóu kàn zhe tài yáng de shí hou zǒng shì huì bèi tā nà tǎo
每当我们抬头看着太阳的时候，总是会被它那讨
yàn de yáng guāng cì dào yǎn jing wèi shén me zhè xiē yáng guāng néng gòu cì tòng wǒ
厌的阳光刺到眼睛。为什么这些阳光能够刺痛我
men de yǎn jing ne qí shí zhè zhǔ yào shì yīn wèi tài yáng de guāng pǔ shì
们的眼睛呢？其实这主要是因为太阳的光谱是
fēi cháng gāo de suī rán nǐ gǎn jué tài yáng hé shǒu diàn lí jìn le guāng
非常高的，虽然你感觉太阳和手电离近了 光
liàng qiáng dù yí yàng dàn shí jì shàng tài yáng yào gèng lì hai nǐ kě
亮强度一样，但实际上，太阳要更厉害，你可
yǐ ná wàng yuǎn jìng duì zhe shǒu diàn dàn rú guǒ
以拿望远镜对着手电，但如果
duì zhe tài yáng de huà nǐ de yǎn jing mǎ shàng jiù
对着太阳的话，你的眼睛马上就
huì shòu dào tài yáng de qiáng liè cì jī qīng zé
会受到太阳的强烈刺激，轻则
zàn shí shī míng zhòng zé zhōng shēn
暂时失明，重则终身
shī míng
失明。

tài yáng de zhòng yào xìng
太阳的重要性

tài yáng duì yú dì qiú shí fēn de zhòng yào yīn wèi tài yáng néng shì dì qiú
太阳对于地球十分的重要，因为太阳能是地球

shang néng liàng de zhǔ yào lái yuán wǒ men zhī dào dì qiú shang
上能量的主要来源。我们知道，地球上

yǒu hěn duō shēng mìng tā men rú guǒ xiǎng yào shēng cún xià
有很多生命，它们如果想要生存下

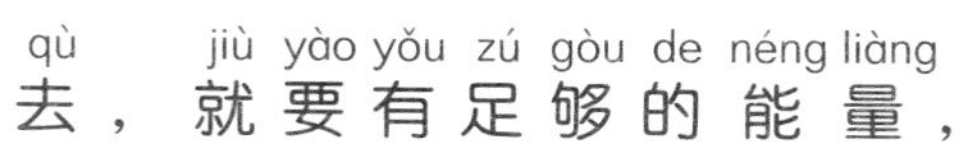

qù jiù yào yǒu zú gòu de néng liàng
去，就要有足够的能量，

ér zhè xiē néng liàng zhèng shì lái zì yú tài
而这些能量正是来自于太

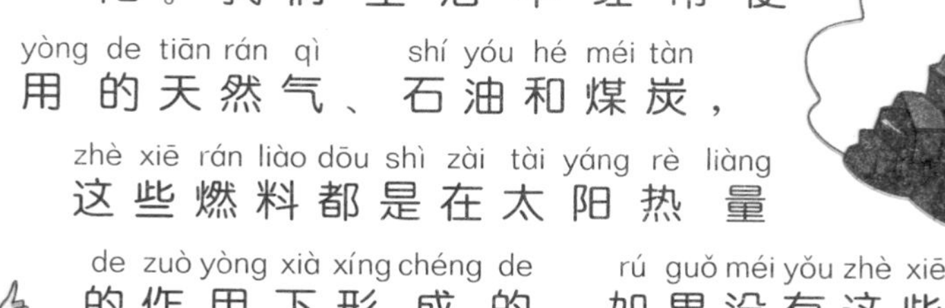

yáng wǒ men shēng huó zhōng jīng cháng shǐ
阳。我们生活中经常使

yòng de tiān rán qì shí yóu hé méi tàn
用的天然气、石油和煤炭，

zhè xiē rán liào dōu shì zài tài yáng rè liàng
这些燃料都是在太阳热量

de zuò yòng xià xíng chéng de rú guǒ méi yǒu zhè xiē rán
的作用下形成的。如果没有这些燃

liào rén lèi shè huì jiù huì dào tuì zǒng zhī rú guǒ méi yǒu tài
料，人类社会就会倒退。总之，如果没有太

yáng jiù méi yǒu dì qiú shang de yí qiè
阳，就没有地球上的一切。

tiān gǒu chī yuè liang
天狗吃月亮

tiān gǒu chī yuè liang qí shí zhǐ shì gǔ dài de yí
天狗吃月亮其实只是古代的一
gè chuán shuō ér yǐ xiàn zài wǒ men bǎ zhè ge xiàn
个传说而已，现在我们把这个现
xiàng chēng wéi rì shí rì shí shì yuè qiú yùn dòng dào tài yáng hé dì qiú zhōng jiān
象称为日食。日食是月球运动到太阳和地球中间，

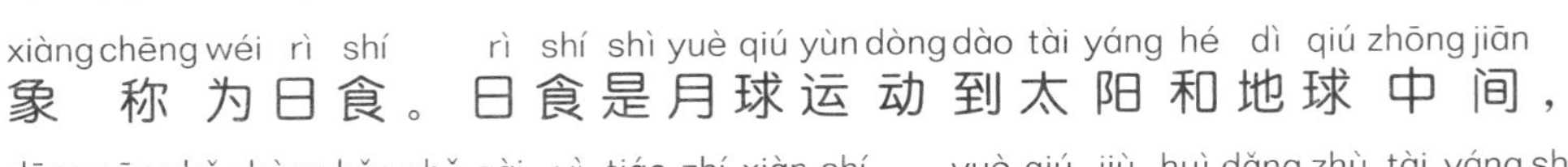

dāng sān zhě zhèng hǎo chǔ zài yì tiáo zhí xiàn shí yuè qiú jiù huì dǎng zhù tài yáng shè
当三者正好处在一条直线时，月球就会挡住太阳射
xiàng dì qiú de guāng yuè qiú shēn hòu de hēi yǐng zhèng hǎo luò dào dì qiú shang zhè
向地球的光，月球身后的黑影正好落到地球上，这
shí fā shēng ri shí xiàn xiàng tài yáng miàn bèi yuán de hēi yǐng zhē zhù tiān sè zhuǎn
时发生日食现象。太阳面被圆的黑影遮住，天色转
àn quán bù zhē zhù jǐ fēn zhōng hòu cóng yuè qiú
暗，全部遮住，几分钟后，从月球
hēi yǐng biān yuán zhú jiàn lù chū yáng guāng kāi shǐ fā
黑影边缘逐渐露出阳光，开始发
guāng fù yuán yóu yú yuè qiú bǐ dì qiú xiǎo zhǐ yǒu
光、复圆。由于月球比地球小，只有
zài yuè yǐng zhōng de rén men cái néng kàn dào rì shí
在月影中的人们才能看到日食。

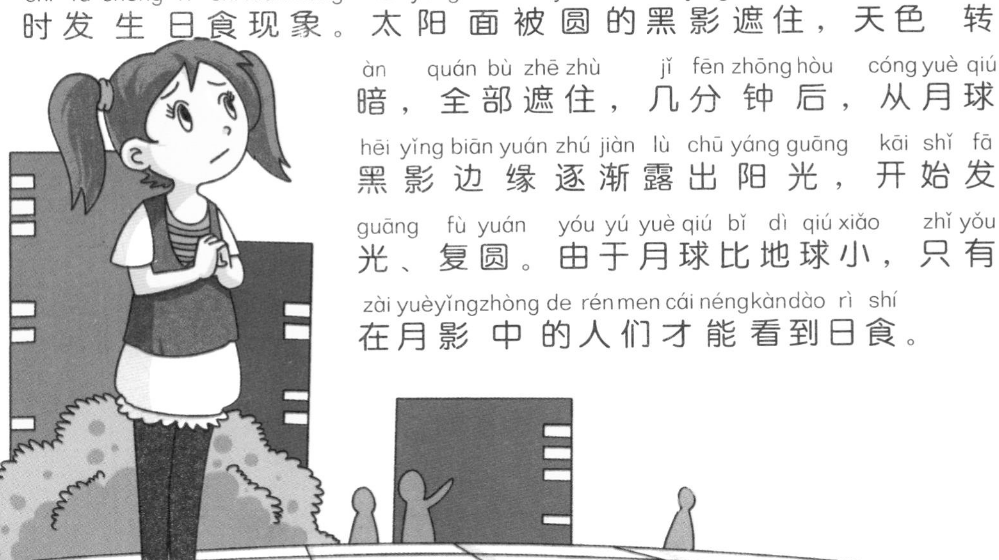

bái tiān de yuè liang
白天的月亮

bái tiān wǒ men zài tiān kōng zhōng chú le tài yáng jiù kàn bú jiàn qí tā de
白天，我们在天空中除了太阳就看不见其他的
xīng tǐ le kě shì zài yì xiē tè shū shí qī wǒ men zài bái tiān yě kě yǐ kàn dào
星体了，可是在一些特殊时期，我们在白天也可以看到
yuè liang de cún zài zhè shì yīn wèi yuè liang lí wǒ men jìn tā kě yǐ xiàng dì qiú
月亮的存在。这是因为月亮离我们近，它可以向地球
fǎn shè yáng guāng bìng qiě zhè xiē yáng guāng yòu zú gòu qiáng qiáng dào wǒ men de yǎn
反射阳光，并且这些阳光又足够强，强到我们的眼
jing kě yǐ jiē shōu dào zhè xiē guāng suǒ yǐ wǒ men zài bái tiān yě kě yǐ kàn jiàn yuè
睛可以接收到这些光，所以我们在白天也可以看见月
liang suī rán yǒu de xíng xīng fā chū de guāng bǐ yuè liang
亮。虽然有的行星发出的光比月亮
qiáng hěn duō dàn shì tā men lí wǒ men tài yuǎn le suǒ
强很多，但是它们离我们太远了，所
yǐ zài bái tiān wǒ men kàn bú jiàn tā men
以在白天我们看不见它们。

bèi duì dì qiú
背对地球
de yuè liang
的月亮

yuè liang jiù xiàng yí miàn dà jìng zi yí yàng xuán guà zài tiān kōng bìng xiàng dì qiú fǎn shè yí bù fen yáng guāng shǐ dì qiú zài yè wǎn yě bú huì shì yí gè jué duì qī hēi de shì jiè kě shì wǒ men zài dì qiú shang yǒng yuǎn yě kàn bú dào yuè liang de bèi miàn yīn wèi tā jué duì bú huì bǎ bèi miàn duì zhe dì qiú yuè liang zì zhuàn yì quān yòng de shí jiān hé tā rào dì qiú xuán zhuàn yì quān yòng de shí jiān shì yí yàng de suǒ yǐ wǒ men zài dì qiú shang yǒng yuǎn yě kàn bú dào tā de bèi miàn

月亮就像一面大镜子一样，悬挂在天空，并向地球反射一部分阳光，使地球在夜晚也不会是一个绝对漆黑的世界。可是我们在地球上永远也看不到月亮的背面，因为它绝对不会把背面对着地球。月亮自转一圈用的时间和它绕地球旋转一圈用的时间是一样的，所以我们在地球上永远也看不到它的背面。

月亮能发光吗

在晚上，月亮就像是屋里的灯一样，它的光照亮了大地，使夜晚不至于一片漆黑。不过，经过科学家的研究发现，月亮本身是不发光的，它只是像镜子一样反射太阳光，它把太阳光反射到地球，使地球上的人在很长的时间里都认为它是发光的。月亮离我们很近，所以它向地球反射回来的光最多，对我们来说，月亮一般都是夜空中最亮的星体。

dōng bian shēng qǐ de tài yáng
东边升起的太阳

měi tiān zǎo shang tài yáng zǒng shì cóng dōng bian huǎn huǎn de shēng qǐ kě
每天早上，太阳总是从东边缓缓地升起，可
zhè bìng bú shì tài yáng zì jǐ de xuǎn zé duì yú zhěng gè tài yáng xì lái shuō
这并不是太阳自己的选择，对于整个太阳系来说，
tài yáng de wèi zhì jī hū shì gù dìng bú biàn de wǒ men zhī suǒ yǐ kàn dào tài yáng
太阳的位置几乎是固定不变的。我们之所以看到太阳
cóng dōng bian shēng qǐ shì yīn wèi wǒ men jū zhù de dì qiú zài zì zhuàn de yuán
从东边升起，是因为我们居住的地球在自转的原
yīn dì qiú zì zhuàn de fāng xiàng shì zì xī
因。地球自转的方向是自西
xiàng dōng zhuǎn zhè yàng yáng guāng jiù xiàng
向东转，这样阳光就向
xiāng fǎn de fāng xiàng yí dòng tā huì xiān zhào
相反的方向移动，它会先照
dào yí gè dì fang de dōng miàn rán hòu zài
到一个地方的东面，然后再
zhào dào xī miàn suǒ yǐ wǒ men jiù kàn dào tài
照到西面，所以我们就看到太
yáng zǒng shì cóng dōng bian shēng qǐ xī bian
阳总是从东边升起，西边
luò xià
落下。

shēng líng de bǎo hù shén
生灵的“保护神”

zài dì qiú dà qì de zhōng jiān yǒu yì céng yóu chòu yǎng zǔ chéng de báo
在地球大气的中间，有一层由臭氧组成的薄
céng tā jiù shì shēng líng de bǎo hù shén chòu yǎng céng yě xǔ nǐ tīng
层，它就是生灵的“保护神”——臭氧层。也许你听
shuō guò zǐ wài xiàn dàn shì nǐ kě néng bù zhī dào tā de wēi lì zǐ wài xiàn hán
说过紫外线，但是你可能不知道它的威力。紫外线含
yǒu hěn qiáng de néng liàng huì duì dì qiú shang de shēng wù xì bāo
有很强的能量，会对地球上的生物细胞
zào chéng jù dà de shāng hài suǒ yǐ rén men yòng tā lái shā jūn
造成巨大的伤害，所以人们用它来杀菌。

rú guǒ zǐ wài xiàn zhí jiē zhào shè dào dì qiú shang nà dì qiú
如果紫外线直接照射到地球上，那地球
shang de shēng wù jiù wēi xiǎn le yīn wèi chòu yǎng
上的生物就危险了，因为臭氧
céng kě yǐ zǔ zhǐ dà bù fen zǐ wài xiàn suǒ yǐ
层可以阻止大部分紫外线，所以
wǒ men cái kě yǐ shēng huó zài
我们才可以生活在
dì qiú shang
地球上。

wèi shén me huì yǒu dōng tiān hé xià tiān
为什么会有冬天和夏天

wǒ men de dì qiú bìng bú shì zhí zhí de shù zài tài kōng zhōng de，ér shì yí gè fāng xiàng qīng xié zhe de，zhè yě shì wèi shén me huì yǒu dōng tiān hé xià tiān de yuán yīn。yīn wèi dì qiú shì qīng xié zhe yùn zhuǎn de，dāng wǒ men shēng huó de běi bàn qiú qīng xié xiàng tài yáng shí，zhè jiù shì xià tiān，ér nán bàn qiú jiù shì dōng tiān。rú guǒ nán bàn qiú qīng xié xiàng tài yáng shí，běi bàn qiú jiù huì shì dōng tiān，nán bàn qiú jiù shì xià tiān le。

我们的地球并不是直直的竖在太空中的，而是一个方向倾斜着的，这也是为什么会有冬天和夏天的原因。因为地球是倾斜着运转的，当我们生活的北半球倾斜向太阳时，这就是夏天，而南半球就是冬天。如果南半球倾斜向太阳时，北半球就会是冬天，南半球就是夏天了。

tiān cháng yǔ tiān duǎn
天长与天短

dāng jìn rù dōng tiān yǐ hòu wǒ men jiù huì fā xiàn bái tiān tài yáng shēng
当进入冬天以后，我们就会发现，白天太阳升

qi lai de shí jiān xiāng duì xià tiān yào wǎn hěn duō ér xīng xing chū lái de shí jiān què
起来的时间相对夏天要晚很多，而星星出来的时间却

tí qián le zhè shì yīn wèi zài dōng tiān wǒ men suǒ chù de dì fang yǒu diǎn bèi
提前了。这是因为在冬天，我们所处的地方有点背

xiàng tài yáng suǒ yǐ shòu dào tài yáng zhào
向太阳，所以受到太阳照

shè de shí jiān yě jiù biàn de duǎn le yú
射的时间也就变得短了，于

shì bái tiān jiù biàn duǎn le ér yè wǎn de
是白天就变短了，而夜晚的

shí jiān zēng jiā le dàn shì yì tiān hái shì
时间增加了，但是一天还是

èr shí sì xiǎo shí zhè ge shì bú huì yīn wèi
二十四小时，这个是不会因为

tiānchángtiānduǎn ér biànhuà de
天长天短而变化的。

xíng tài gè yì de shǎn diàn
形态各异的闪电

zài xià yǔ dǎ léi de shí hou wǒ men yǒu shí kě yǐ kàn dào shǎn diàn shǎn diàn shì yún yǔ yún zhī jiān yún yǔ dì zhī jiān huò zhě yún tǐ nèi gè bù wèi zhī jiān de qiáng liè fàng diàn xiàn xiàng zuì cháng jiàn de shǎn diàn shì xiàn xíng shǎn diàn tā shì yì xiē fēi cháng míng liàng de bái sè fěn hóng sè huò dàn lán sè de liàng xiàn tā hěn xiàng dì tú shang de yì tiáo fēn zhī hěn duō de hé liú yòu hǎo xiàng dào guà zài tiān kōng zhōng de yì kē dà shù chú le xiàn xíng shǎn diàn lìng wài hái yǒu qiú xíng shǎn diàn hé liàn xíng shǎn diàn zhè liǎng zhǒng shǎn diàn dōu bǐ jiào shǎo jiàn

在下雨打雷的时候，我们有时可以看到闪电。闪电是云与云之间、云与地之间或者云体内各部位之间的强烈放电现象。最常见的闪电是线形闪电，它是一些非常明亮的白色、粉红色或淡蓝色的亮线，它很像地图上的一条分支很多的河流，又好像倒挂在天空中的一棵大树。除了线形闪电，另外还有球形闪电和链形闪电，这两种闪电都比较少见。

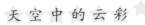

měi lì de cǎi hóng
美丽的彩虹

xià guò yǔ hòu wǒ men jīng cháng kě yǐ kàn dào yì tiáo qiáo yí yàng de cǎi
下过雨后，我们经常可以看到一条桥一样的彩
dài xuán guà zài kōng zhōng zhè tiáo cǎi dài jiù shì cǎi hóng yǔ hòu de tiān kōng zhōng
带悬挂在空中，这条彩带就是彩虹。雨后的天空中
huì fēn bù xǔ duō xiǎo shuǐ dī zhè xiē xiǎo shuǐ dī jí hé zài yì qǐ rú guǒ tài
会分布许多小水滴，这些小水滴集合在一起，如果太
yáng guāng cóng zhè xiē xiǎo shuǐ dī fēn bù de dì fang chuān guò nà me yáng guāng
阳光从这些小水滴分布的地方穿过，那么阳光
zhōng bù tóng yán sè de guāng jiù huì hù xiāng fēn kāi rán hòu zhào shè dào yún céng
中不同颜色的光就会互相分开，然后照射到云层
shang rán hòu bèi yún céng fǎn shè huí lái suǒ yǐ wǒ men jiù kàn jiàn le cǎi hóng
上，然后被云层反射回来，所以我们就看见了彩虹。

wèi shén me xià tiān 为什么夏天 de zhōng wǔ méi xià wǔ rè 的中午没下午热

zài xià tiān, jīng guò le yí gè wǎn shang yǐ hòu, dà dì de qì wēn jiàng dī le, dāng tài yáng shēng qǐ lái yǐ hòu, dà dì jiù kāi shǐ xī shōu rè liàng, wēn dù chóng xīn zēng gāo, kě shì dà dì de wēn dù yuè gāo, xī shōu rè liàng de sù dù yě jiù yuè màn, bèi dì miàn fǎn shè chū lái de rè liàng yě jiù zēng jiā le。 zài zhōng wǔ de shí hou, suī rán tài yáng chǔ yú zuì gāo de wèi zhì, dàn shì dà dì xī shōu rè liàng yě kuài, dào le xià wǔ, dà dì xī shōu de rè liàng jiǎn shǎo, kōng qì wēn dù jì xù zēng jiā, suǒ yǐ xià wǔ de qì wēn fǎn ér gèng gāo。

在夏天，经过了一个晚上以后，大地的气温降低了，当太阳升起来以后，大地就开始吸收热量，温度重新增高，可是大地的温度越高，吸收热量的速度也就越慢，被地面反射出来的热量也就增加了。在中午的时候，虽然太阳处于最高的位置，但是大地吸收热量也快，到了下午，大地吸收的热量减少，空气温度继续增加，所以下午的气温反而更高。

běi jí xīng
北极星

běi jí xīng shì tiān kōng běi bù de yì kē liàng xīng lí běi tiān jí hěn jìn chà bù duō zhèng duì zhe dì zhóu cóng dì qiú shang kàn tā de wèi zhì jī hū bú biàn kě yǐ kào tā lái biàn bié fāng xiàng
北极星是天空北部的一颗亮星，离北天极很近，差不多正对着地轴，从地球上看，它的位置几乎不变，可以靠它来辨别方向。

běi jí xīng xiàn zài zài hěn kào jìn dì qiú běi jí zhǐ xiàng de tiān kōng yīn cǐ kàn qǐ lái tā zǒng zài běi fāng tiān kōng běi jí xīng shì yě wài huó dòng gǔ dài háng hǎi fāng xiàng de yí gè hěn zhòng yào zhǐ biāo lìng wài yě zài biàn rèn fāng xiàng xīng zuò tiān wén shè yǐng guān cè chì dào yí de zhǔn què dìng wèi zhōng qǐ dào shí fēn zhòng yào de zuò yòng
北极星现在在很靠近地球北极指向的天空。因此，看起来它总在北方天空。北极星是野外活动、古代航海方向的一个很重要指标，另外也在辨认方向星座，天文摄影、观测赤道仪的准确定位中起到十分重要的作用。

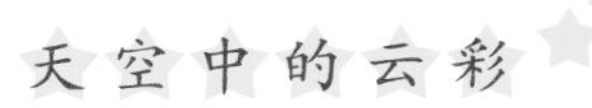

yuè liang cóng nǎ biān shēng qǐ
月亮从哪边升起

yuè qiú běn shēn de yùn dòng fāng xiàng shì zì xī xiàng dōng
月球本身的运动方向是自西向东，
rào dì qiú gōng zhuàn de suǒ yǐ yuè liang běn yīng gāi cóng xī
绕地球公转的，所以月亮本应该从西
bian shēng qǐ cóng dōng bian luò xià kě shì yóu yú dì qiú de zì zhuàn fāng
边升起，从东边落下。可是，由于地球的自传方
xiàng yě shì zì xī xiàng dōng suǒ yǐ gěi
向也是自西向东，所以给
wǒ men zào chéng de shí jì shì jué xiào guǒ
我们造成的实际视觉效果
jiù chéng le yuè qiú de dōng shēng xī luò
就成了月球的东升西落
le jì zhù wǒ men ròu yǎn kàn jiàn de
了。记住，我们肉眼看见的
yuè liang dōng shēng xī luò shì dì qiú zì
月亮东升西落是地球自
zhuàn de jié guǒ
转的结果。

tài yáng de guāng hé rè

太阳的光和热

lái zì nǎ lǐ

来自哪里

tài yáng de néng liàng lái zì tài yáng zì shēn de hé
太阳的能量来自太阳自身的核
jù biàn néng liàng wù zhì yīn wèi tài yáng shì yí gè dà
聚变能量物质。因为太阳是一个大
zhì liàng de tiān tǐ zhè yàng de tiān tǐ bú duàn de shōu
质量的天体，这样的天体不断地收
suō bìng fā rè jī lěi dào mǒu gè diǎn jiù huì shǐ tài yáng
缩并发热，积累到某个点就会使太阳
wù zhì chǎn shēng biàn huà cóng ér chǎn shēng gāo wēn bìng
物质产生变化从而产生高温并
xiàng qí zhōu wéi fú shè néng liàng wù zhì tài yáng zhī
向其周围辐射能量物质。太阳之
suǒ yǐ néng rú cǐ cháng jiǔ de xiàng yǔ zhòu kōng jiān
所以能如此长久地向宇宙空间
fú shè néng liàng shì yóu yú tā yōng yǒu dà liàng de
辐射能量是由于它拥有大量的
néng gòu jìn xíng hé jù biàn de wù zhì dāng zhè xiē
能够进行核聚变的物质。当这些
wù zhì rán shāo wán hòu tài yáng jiù huì tān tā
物质燃烧完后，太阳就会坍塌，
tài yáng de néng liàng yě jiù huì zhú jiàn xiāo shī
太阳的能量也就会逐渐消失。

“嫦娥”奔月

2007年10月24日，我国在西昌卫星发射中心用长征三号甲运载火箭将嫦娥一号卫星成功送入太空。嫦娥一号是我国自主研制的第一颗月球探测卫星，它的发射成功，标志着我国实施绕月探测工程迈出重要一步，并使我国成为世界第五个发射月球探测器的国家，圆了华夏赤子千年来的登月梦。

qí miào de tài kōngshēng huó

奇妙的太空生活

wǒ men shì shēng huó zài yí gè yǒu zhòng liàng de shì jiè li rú guǒ bǎ chá
我们是生活在一个有重量的世界里，如果把茶
bēi dào guo lai nà me chá bēi li de shuǐ jiù huì liú chu lai bǎ tiě qiú rēng dào
杯倒过来，那么茶杯里的水就会流出来。把铁球扔到
shuǐ li tiě qiú jiù huì luò dào shuǐ dǐ duì yú zhè xiē wǒ men
水里，铁球就会落到水底。对于这些，我们
zǎo jiù zhī dào le kě shì rén zài tài kōng zhōng què shēng huó zài shī
早就知道了。可是人在太空中却生活在失
zhòng de shì jiè li shuì jiào gēn běn yòng bú dào chuáng bǐ jiào
重的世界里。睡觉根本用不到床，比较
gān de shí pǐn yào yì kǒu chī yí gè yǐ miǎn shí pǐn de suì zhā
干的食品要一口吃一个，以免食品的碎渣
sì chù fēi sàn rén zài yǔ zhòu fēi chuán li kě yǐ xiàng shén
四处飞散。人在宇宙飞船里可以像神
xiān yí yàng fēi lái fēi qù yě kě yǐ tíng liú zài rèn hé wèi
仙一样飞来飞去，也可以停留在任何位
zhì shang
置上。

rén zào wèi xīng de miàoyòng
人造卫星的妙用

rén zào wèi xīng shì rén lèi zhì zào zài dì qiú yǐn lì zuò yòng xià wéi rào
人造卫星是人类制造，在地球引力作用下，围绕
dì qiú yùn dòng de rén zào tiān tǐ rú guǒ àn yòng tú fēn tā kě fēn wéi sān dà
地球运动的人造天体。如果按用途分，它可分为三大
lèi kē xué wèi xīng jì shù shì yàn wèi xīng hé yìng yòng wèi xīng
类：科学卫星，技术试验卫星和应用卫星。

kē xué wèi xīng shì yòng yú kē xué tàn cè hé yán jiū de wèi xīng
科学卫星是用于科学探测和研究的卫星。

jì shù shì yàn wèi xīng shì jìn xíng xīn jì shù shì yàn huò wèi yìng yòng wèi xīng jìn
技术试验卫星是进行新技术试验或为应用卫星进
xíng shì yàn de wèi xīng
行试验的卫星。

yìng yòng wèi xīng shì zhí jiē wèi rén lèi
应用卫星是直接为人类
fú wù de wèi xīng tā de zhǒng lèi zuì duō
服务的卫星，它的种类最多，
shù liàng zuì dà
数量最大。

yǔ hángyuán de fán nǎo
宇航员的烦恼

yǔ háng yuán zài tài kōng zhōng de shēng huó jiù xiàng chuán shuō zhōng de shén xiān yí yàng qí miào yǒu qù kě shì yǔ háng yuán yě yǒu tā men zì jǐ de fán nǎo shēng huó zài dì qiú shang de rén lèi yóu yú dì qiú yǐn lì de zuò yòng rén tǐ de jī ròu gǔ gé hé gè zhǒng qì guān tā men de nèi bù dōu cún zài yí dìng de yā lì hé lā lì dàn shì dào le yǔ zhòu zhōng yóu yú chǔ yú shī zhòng zhuàng tài zhè xiē lì dōu xiāo shī le zhè yàng jiù dǎo zhì rén de jī ròu huì zhú jiàn wěi suō

宇航员在太空中的生活就像传说中的神仙一样奇妙有趣，可是，宇航员也有他们自己的烦恼。生活在地球上的人类，由于地球引力的作用，人体的肌肉、骨骼和各种器官，它们的内部都存在一定的压力和拉力。但是到了宇宙中由于处于失重状态，这些力都消失了。这样就导致人的肌肉会逐渐萎缩。

qì xiàng wèi xīng

气象卫星

yòng yú tàn cè dì qiú dà qì de qì xiàng yào sù hé tiān
用于探测地球大气的气象要素和天
wén xiàn xiàng de qì xiàng wèi xīng jì shì rèn shí hé liǎo jiě dì qiú de yì zhǒng wèi
文现象的气象卫星，既是认识和了解地球的一种卫
xīng yòu shì guǎng fàn yòng yú guó mín jīng jì lǐng yù de hé yǔ rén men rì cháng
星，又是广泛用于国民经济领域的和与人们日常
shēng huó xī xī xiāng guān de yì zhǒng wèi xīng zài qì xiàng yù cè guò chéng zhōng
生活息息相关的一种卫星。在气象预测过程中
fēi cháng zhòng yào de wèi xīng yún tú de pāi shè yě yǒu liǎng zhǒng xíng shì yì
非常重要的卫星云图的拍摄也有两种形式：一
zhǒng shì jiè zhù yú dì qiú shang wù tǐ duì tài yáng guāng de fǎn xiàng chéng dù ér
种是借助于地球上物体对太阳光的反向程度而
pāi shè de kě jiàn guāng yún tú zhǐ xiàn yú bái tiān gōng zuò lìng yì zhǒng shì jiè
拍摄的可见光云图，只限于白天工作；另一种是借
zhù dì qiú biǎo miàn wù tǐ wēn dù hé dà qì céng wēn dù fú shè
助地球表面物体温度和大气层温度辐射
de chéng dù xíng
的程度，形
chéng hóng wài yún
成红外云
tú kě yǐ quán
图，可以全
tiān hòu gōng zuò
天候工作。

kàn yún shí tiān qì

看云识天气

zǎo chén dì miàn de wēn dù dī dī céng kōng qì bǐ
早晨地面的温度低，低层空气比
jiào wěn dìng yì bān bú huì chǎn shēng duì liú yún rú guǒ qīng
较稳定，一般不会产生对流云。如果清
zǎo jiù chū xiàn mán tou zhuàng de jī yún huò kōng zhōng yǒu bǎo
早就出现馒头状的积云或空中有堡
zhuàng de gāo jī yún biǎo shì kōng qì céng yǐ hěn bù wěn dìng dào le wǔ hòu
状的高积云，表示空气层已很不稳定，到了午后，
dì miàn wēn dù shēng de hěn gāo dī céng kōng qì shòu rè shàng shēng jiā shàng
地面温度升得很高，低层空气受热上升，加上
zhōng céng kōng qì bù wěn dìng hěn róng yì chǎn shēng jī yǔ yún xià léi yǔ suǒ
中层空气不稳定，很容易产生积雨云，下雷雨。所
yǐ zǎo chén chū xiàn le zhè zhǒng yún yù shì xià wǔ jiāng yǒu léi yǔ
以早晨出现了这种云，预示下午将有雷雨。

kàn fēng shí tiān qì 看风识天气

dōng jì huò chū chūn rú guǒ lián xù chuī nán fēng tiān qì huí nuǎn yě jiù huì chū xiàn qíng lǎng tiān qì dàn zhè ge shí qī lěng kōng qì màn màn de zēng qiáng xīn de lěng kōng qì hěn kuài huì nán xià tóng nán fēng xiāng yù xíng chéng fēng miàn tiān qì jiù huì zhuǎn wéi yīn yǔ suǒ yǐ dōng jì hé chū chūn lián chuī nán fēng běi fēng bì rán lái huán lǐ

冬季或初春，如果连续吹南风，天气回暖，也就会出现晴朗天气。但这个时期冷空气慢慢地增强，新的冷空气很快会南下，同南风相遇形成锋面，天气就会转为阴雨。所以冬季和初春连吹南风，北风必然来“还礼”。

kàn wù shí tiān qì

看物识天气

yàn zi dī fēi yǐ bān jiā tiān qì yí dìng yào biàn huà zhè shì yīn wèi
“燕子低飞蚁搬家，天气一定要变化。”这是因为
xià yǔ yǐ qián de kōng qì shī dù dà xiǎo fēi chóng de chì bǎng cháo shī bù néng
下雨以前的空气湿度大，小飞虫的翅膀潮湿，不能
gāo fēi yàn zi wèi le xún zhǎo shí wù yě fēi de hěn dī mǎ yǐ duì qì
高飞，燕子为了寻找食物，也飞得很低。蚂蚁对气
yā xià jiàng wēn dù shēng gāo shī dù zēng dà děng xià yǔ de zhēng zhào
压下降，温度升高，湿度增大等下雨的征兆
bǐ jiào mǐn gǎn wèi le miǎn yú bèi shuǐ yān zài xià yǔ yǐ qián
比较敏感，为了免于被水淹，在下雨以前
máng yú bǎ wō bān dào gāo chù suǒ yǐ chū xiàn zhè zhǒng
忙于把窝搬到高处。所以出现这种
xiàn xiàng shí kě yǐ yù bào tiān qì jiāng zhuǎn yīn yǔ
现象时，可以预报天气将转阴雨。

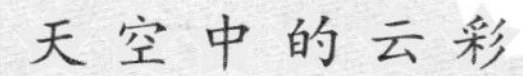

xīng xing shì shén me yán sè de
星星是什么颜色的

yòng ròu yǎn guān kàn xīng kōng wǒ men zhǐ néng kàn dào yǒu de xīng xing liàng
用肉眼观看星空，我们只能看到有的星星亮
yì diǎn yǒu de xīng xing àn yì diǎn rú guǒ yòng wàng yuǎn jìng zǐ xì guān chá nǐ
一点，有的星星暗一点。如果用望远镜仔细观察，你
jiù huì fā xiàn xīng xing de yán sè yě bù yí yàng yǒu hóng sè de huáng sè de
就会发现星星的颜色也不一样，有红色的、黄色的、
lán sè de bái sè de děng děng zài tiān kōng zhōng shǎn shuò xīng xing de yán sè
蓝色的、白色的等等，在天空中闪烁。星星的颜色
hé tā men de biǎo miàn wēn dù yǒu guān
和它们的表面温度有关。
xīng xing biǎo miàn de wēn dù yuè gāo
星星表面的温度越高，
tā fā chū de guāng zhōng lán guāng de
它发出的光中蓝光的
chéng fèn jiù yuè duō kàn shàng qù chéng lán
成分就越多，看上去呈蓝
bái sè xīng xing biǎo miàn de wēn dù yuè dī
白色；星星表面的温度越低，
tā fā chū de guāng zhōng hóng guāng de
它发出的光中红光的
chéng fèn jiù yuè duō kàn shàng qù
成分就越多，看上去
jiù chéng hóng sè
就呈红色。

yuè qiú shang de nǐ huì yǒu duō zhòng
月球上的你会有多重

nǐ zhī dào ma wù tǐ zài yuè qiú shang de zhòng liàng yào bǐ zài dì qiú shang qīng zhè shì qiān zhēn wàn què de ér zhè dōu shì yǐn lì zuò yòng de jié guǒ yǐn lì shì tiān tǐ duì yú qí biǎo miàn huò jìn chù de wù tǐ suǒ chǎn shēng de yì zhǒng zì rán xī yǐn lì yǐn lì fāng xiàng zhǐ xiàng tiān tǐ de zhōng xīn dì qiú shang cún zài zhe yǐn lì dì qiú shang de rèn hé wù tǐ dōu táo bù tuō yǐn lì de shù fú yǐn lì bǎ wǒ men gù dìng zài dì miàn shang tóng shí tā hái jué dìng le wǒ men de zhòng liàng rú guǒ dì qiú yǐn lì biàn xiǎo nǐ de tǐ zhòng jiù huì biàn qīng

你知道吗？物体在月球上的重量要比在地球上轻，这是千真万确的，而这都是引力作用的结果。引力是天体对于其表面或近处的物体所产生的一种自然吸引力。引力方向指向天体的中心。地球上存在着引力，地球上的任何物体都逃不脱引力的束缚，引力把我们固定在地面上，同时，它还决定了我们的重量。如果地球引力变小，你的体重就会变轻。

dì qiú bú zhuàn le 地球不转了 huì zěn me yàng 会怎么样

rú guǒ nà shí hou zhèng shì bái tiān nà wǒ men huì zhù yì dào de dì yī jiàn
如果那时候正是白天，那我们会注意到的第一件
shì qing jiù shì tài yáng bú zài zài tiān shang yí dòng le wǒ men xiǎng děng yè
事情就是，太阳不再在天上移动了。我们想等夜
wǎn lái lín dàn shì zài yě děng bú dào le yǐ hòu huì yǒng yuǎn dōu shì bái tiān
晚来临，但是再也等不到了，以后会永远都是白天！

rú guǒ wǒ men guò de shì wú qióng wú jìn de bái tiān nà me tài yáng jiù huì yí
如果我们过的是无穷无尽的白天，那么太阳就会一
kè yě bù tíng de zhào shè zhe wǒ men wǒ men hěn kě néng huì gěi shài
刻也不停地照射着我们，我们很可能会给晒
shāng rè dào ràng rén wú fǎ rěn shòu ér qiě wǒ men yě děi zài
伤，热到让人无法忍受，而且我们也得在
míng liàng de dì fāng shuì jiào ér zhù zài dì qiú lìng yì biān
明亮的地方睡觉。而住在地球另一边
de rén què yòu děi cháng qī chǔ zài hán lěng hé hēi àn zhī
的人却又得长期处在寒冷和黑暗之
zhōng tā men huì biàn de fēi cháng cāng bái ér
中，他们会变得非常苍白，而
qiě huì yīn cǐ ér dé bìng
且会因此而得病。

nán jí bīng wèi shén me
南极冰为什么
bǐ běi jí duō
比北极多

nán jí hé běi jí shì dì qiú shang zuì lěng de dì fang nà lǐ hán fēng hū
南极和北极是地球上最冷的地方，那里寒风呼
xiào qì wēn hěn dī zhōng nián bīng xuě fù gài yí piàn yín bái sè de shì jiè
啸，气温很低，终年冰雪覆盖，一片银白色的世界。
dàn shì shí shang nán jí bǐ běi jí gèng lěng bīng chuān yě gèng duō yīn wèi nán jí
但事实上南极比北极更冷，冰川也更多，因为南极
dì qū shì yí kuài dà lù chǔ cáng rè liàng de néng lì jiào ruò xià jì huò dé de
地区是一块大陆，储藏热量的能力较弱，夏季获得的
rè liàng hěn kuài jiù fú shè diào le jié guǒ zào chéng nán jí de nián píng jūn qì wēn
热量很快就辐射掉了，结果造成南极的年平均气温
zhǐ yǒu zài nán jí dà lù zhōu wéi de hǎi yáng shang piāo fú zhe dà liàng
只有－56℃。在南极大陆周围的海洋上，漂浮着大量
de bīng kuài xíng chéng le jù dà de
的冰块，形成了巨大的
bīngshān
冰山。

dì qiú shang wèi shén me yǒu nà me duō de shān
地球上为什么有那么多的山

zài dì qiú shang lù
在地球上，陆
dì miàn jī zhǐ yǒu dì qiú biǎo
地面积只有地球表
miàn miàn jī de sān fēn zhī yī zuǒ
面面积的三分之一左
yòu shān dì miàn jī yòu zhàn lù dì miàn
右，山地面积又占陆地面
jī de jìn sān fēn zhī yī dì qiú shang wèi
积的近三分之一。地球上为
shén me huì yǒu zhè me duō de shān ne zhè shì yīn
什么会有这么多的山呢？这是因
wèi dì qiào zài dì qiú de zhuàn dòng guò chéng zhōng bù
为地壳在地球的转动过程中，部
fen dì qū chū xiàn jǐ yā xiàn xiàng zào chéng de dì qiào
分地区出现挤压现象造成的。地壳
zài jǐ yā guò chéng zhōng bǐ jiào róng yì fā shēng duàn liè zài duàn liè de liǎng
在挤压过程中，比较容易发生断裂，在断裂的两
cè xiāng duì de shàng shēng huò xià jiàng jiù huì xíng chéng shān mài
侧相对地上升或下降，就会形成山脉。

yǔ zhòu jiū jìng yǒu duō dà

宇宙究竟有多大

rén lèi de tiān wén shǐ fā zhǎn biǎo míng yǔ zhòu shì wú xiàn dà de zhè yě
人类的天文史发展表明：宇宙是无限大的。这也
shì fú hé wéi wù biàn zhèng fǎ de ēn gé sī shuō guò shí jiān shang de yǒng
是符合唯物辨证法的。恩格斯说过：“时间上的永
héng kōng jiān shang de wú xiàn xìng běn lái jiù shì ér qiě àn zhào jiǎn dān de zì
恒、空间上的无限性，本来就是，而且按照简单的字
yì yě shì méi yǒu yí gè fāng xiàng shì yǒu zhōng diǎn de bú lùn shì xiàng qián huò
义也是：没有一个方向是有终点的，不论是向前或
xiàng hòu xiàng shàng huò xiàng xià xiàng zuǒ huò xiàng yòu
向后，向上或向下，向左或向右。”

kě pà de dì zhèn
可怕的地震

zài wǒ guó mín jiān pǔ biàn liú chuán zhe zhè yàng yì zhǒng
在我国，民间普遍流传着这样一种

chuán shuō tā men shuō dì dǐ xia zhù zhe yì tiáo dà áo yú
传说，他们说地底下住着一条大鳌鱼，

shí jiān cháng le dà áo yú jiù xiǎng fān yí xià shēn zhǐ yào dà áo yú yì fān
时间长了，大鳌鱼就想翻一下身，只要大鳌鱼一翻

shēn dà dì biàn huì chàn dòng qi lai yòng xiàn dài rén de yǎn guāng fēn xī zhè zhǒng
身，大地便会颤动起来。用现代人的眼光分析这种

chuán shuō jiǎn zhí shì fēi cháng kě xiào qí shí dì zhèn jiù shì dì dòng shì dì
传说，简直是非常可笑。其实，地震就是地动，是地

qiú biǎo miàn de zhèn dòng yǐn qǐ dì qiú biǎo miàn zhèn dòng de yuán yīn yǒu hěn duō
球表面的振动。引起地球表面振动的原因有很多，

kě yǐ shì rén wéi de yuán yīn yě kě yǐ shì zì rán jiè de yuán yīn
可以是人为的原因，也可以是自然界的原因。

bīngchuān shì zěn me xíngchéng de
冰川是怎么形成的

bīng chuān shì shuǐ de yì zhǒng cún zài xíng shì shì xuě jīng guò yí xì liè
冰川是水的一种存在形式，是雪经过一系列
biàn huà zhuǎn biàn ér lái de yào xíng chéng bīng chuān shǒu xiān yào yǒu yí dìng shù
变化转变而来的。要形成冰川首先要有一定数
liàng de gù tài jiàng shuǐ qí zhōng bāo kuò xuě wù
量的固态降水，其中包括雪、雾、
báo děng méi yǒu zú gòu de gù tài jiàng shuǐ zuò yuán
雹等。没有足够的固态降水作“原
liào jiù děng yú wú mǐ zhī chuī gēn běn xíng
料”，就等于“无米之炊”，根本形
bù chéng bīng chuān bīng chuān cún zài yú jí hán zhī dì
不成冰川。冰川存在于极寒之地。
dì qiú shang nán jí hé běi jí shì zhōng nián yán hán de
地球上南极和北极是终年严寒的，
zài qí tā dì qū zhǐ yǒu gāo hǎi bá de shān shang cái néng
在其他地区只有高海拔的山上才能
xíngchéngbīngchuān
形成冰川。

tiān wén xué zhōng rú hé biǎo shì jù lí
天文学中如何表示距离

yè wǎn dāng nǐ yǎng wàng xīng kōng shí nǐ xiǎng guò ma xīng xing lí wǒ
夜晚，当你仰望星空时，你想过吗，星星离我
men nà me yuǎn rú hé biǎo shì zhè me cháng de jù lí ne kē xué
们那么远，如何表示这么长的距离呢？科学
jiā men wèi le biǎo shì hěn yuǎn hěn yuǎn de jù lí cǎi yòng
家们为了表示很远很远的距离，采用
guāng zài yì nián zhōng zǒu guò de lù chéng zuò wéi yí gè tè
光在一年中走过的路程作为一个特
dìng de jù lí dān wèi chēng wéi guāng nián tiān wén xué
定的距离单位，称为“光年”。天文学
zhōng hái yǒu yí gè biǎo shì jù lí de dàn bǐ guāng nián xiǎo
中还有一个表示距离的但比光年小
de dān wèi jiào tiān wén dān wèi tā shì yǐ dì
的单位，叫“天文单位”，它是以地
qiú dào tài yáng de píng jūn jù lí zuò wéi yí gè liáng
球到太阳的平均距离作为一个量
dù dān wèi
度单位。

yuán dǐng de fáng zi
圆顶的房子

yì bān fáng wū de wū dǐng bú shì píng de jiù shì xié pō xíng de kě shì
一般房屋的屋顶，不是平的就是斜坡形的。可是，
tiān wén tái guàn cè yòng de fáng zi tā de wū dǐng què yǔ zhòng bù tóng bú shì
天文台观测用的房子，它的屋顶却与众不同，不是
fāng de cháng de xié de ér shì yuán de tiān wén tái de yuán dǐng kě yǐ
方的、长的、斜的，而是圆的。天文台的圆顶可以
zhuàn dòng bù guǎn tiān wén wàng yuǎn jìng zhǐ xiàng tiān
转动，不管天文望远镜指向天
kōng de rèn hé fāng xiàng zhǐ yào zhuàn dòng yí xià wū
空的任何方向，只要转动一下屋
dǐng bǎ tiān chuāng zhuàn dào jìng tóu qián miàn
顶，把天窗转到镜头前面，
tiān tǐ shè lái de guāng xiàn lì jí jìn rù jìng
天体射来的光线立即进入镜
tóu zhè yàng jiù kě yǐ kàn dào rèn hé
头，这样就可以看到任何
fāng xiàng de mù biāo le
方向的目标了。

tiān wài zhēn de yǒu tiān ma

天外真的有天吗

wǒ men zhī dào dì qiú suǒ zài de tài yáng xì bìng bú shì zhěng gè yǔ zhòu
我们知道，地球所在的太阳系并不是整个宇宙，
dì qiú suǒ zài de tài yáng xì zhǐ shì yín hé xì zhōng de yì xiǎo bù fen tiān wài
地球所在的太阳系，只是银河系中的一小部分。天外
què shí yǒu tiān zài yín hé xì zhī wài kē xué jiā yòu guān cè dào dà yuē yì
确实有天，在银河系之外，科学家又观测到大约10亿
gè tóng yín hé xì lèi sì de xīng xì chēng zhī wéi hé
个同银河系类似的星系，称之为河
wài xīng xì hé wài xīng xì yǒu gè zhǒng bù tóng de
外星系。河外星系有各种不同的
xíng zhuàng yán sè yě shì hóng hóng lǜ lǜ wǔ cǎi bīn
形状，颜色也是红红绿绿，五彩缤
fēn gěi zhuàng guān de yǔ zhòu zēng tiān le měi miào
纷，给壮观的宇宙增添了美妙
de sè cǎi
的色彩。

cǎi hóng yǒu duō hòu
彩虹有多厚

cǎi hóng de hòu dù qǔ jué yú xíng chéng cǎi hóng de yǔ dī huò wù zhū de mì dù yáng guāng shè rù shuǐ dī hòu jīng guò zhé shè fǎn shè zài zhé shè zuì hòu jìn rù wǒ men de yǎn jing měi gè shuǐ dī dōu shì xíng chéng cǎi hóng de yí fèn zi yīn cǐ cóng lǐ lùn shang jiǎng cǎi hóng kě yǐ tóng xíng chéng tā de yǔ huò wù yí yàng hòu rán ér dāng yǔ huò wù hěn dà shí wèi zhì jiào kào hòu de shuǐ dī zhé shè chū de guāng xiàn bèi jù lí yǎn jing jiào jìn de shuǐ dī sǎn shè wú fǎ jìn rù yǎn jing yīn ér cǎi hóng kàn shang qu fǎn ér gèng báo

彩虹的“厚度”取决于形成彩虹的雨滴或雾珠的密度。阳光射入水滴后经过折射、反射、再折射，最后进入我们的眼睛。每个水滴都是形成彩虹的一份子。因此，从理论上讲，彩虹可以同形成它的雨或雾一样厚。然而，当雨或雾很大时，位置较靠后的水滴折射出的光线被距离眼睛较近的水滴散射，无法进入眼睛，因而彩虹看上去反而更薄。

yǔ yún wèi shén me shì wū hēi de
雨云为什么是乌黑的

zhè gēn shuǐ dī de dà xiǎo yǐ jí tā men zhī jiān de kòng xì yǒu guān kōng qì
这跟水滴的大小以及它们之间的空隙有关。空气
zhōng de shuǐ qì lěng níng chéng xiǎo shuǐ dī yú shì xíng chéng le yún zhè xiē shuǐ
中的水汽冷凝成小水滴，于是形成了云。这些水
dī mì mì má má yáng guāng wú fǎ zhào shè dào yún céng shēn chù ér bèi fā shè huí
滴密密麻麻，阳光无法照射到云层深处而被发射回
qù yīn cǐ yún kàn shàng qù shì bái sè de zài yǔ yún lǐ xiǎo shuǐ dī jié chéng
去，因此云看上去是白色的。在雨云里，小水滴结成
jiào dà de shuǐ dī tā men zhī jiān de kòng xì jiā dà zhì shǐ yáng guāng kě yǐ
较大的水滴，它们之间的空隙加大，致使阳光可以
zhào shè dào yún céng shēn chù bìng bèi xī shōu zài
照射到云层深处并被吸收。再
jiā shàng yǔ yún wǎng wǎng jiào hòu yáng guāng gēn
加上雨云往往较厚，阳光根
běn bù kě néng chuān tòu tā suǒ yǐ yǔ yún jiù huì
本不可能穿透它，所以雨云就会
chéng xiàn wéi hēi sè
呈现为黑色。

cǎi hóng wān qū de yuán yīn
彩虹弯曲的原因

wǒ men jiàn dào de cǎi hóng dōu shì wān wān de méi yǒu bǐ zhí de jiù
我们见到的彩虹都是弯弯的，没有笔直的，就
lián é méi shān shān dǐng de fó guāng yě shì yuán xíng de zhè shì wèi shén me
连峨眉山山顶的“佛光”也是圆形的，这是为什么
ne yóu yú dì qiú biǎo miàn shì yí gè qū miàn bìng qiě
呢？由于地球表面是一个曲面并且
bèi hòu hòu de dà qì suǒ fù gài yǔ hòu kōng qì zhōng
被厚厚的大气所覆盖，雨后空气中
de shuǐ hán liàng bǐ píng shí gāo dāng yáng guāng zhào shè
的水含量比平时高，当阳光照射
rù kōng qì zhōng de xiǎo shuǐ dī shí jiù xíng chéng le zhé
入空气中的小水滴时就形成了折
shè tóng shí yóu yú dì qiú biǎo miàn de
射。同时由于地球表面的
dà qì céng wéi yì hú miàn cóng ér dǎo
大气层为一弧面从而导
zhì le yáng guāng zài biǎo miàn zhé shè
致了阳光在表面折射
xíng chéng le wǒ men suǒ jiàn dào de hú
形成了我们所见到的弧
xíng cǎi hóng
形彩虹！

bù tóng yán sè de yún

不同颜色的云

tiān kōng yǒu gè zhǒng bù tóng yán sè de yún　yǒu de jié bái rú xù　yǒu de
天空有各种不同颜色的云，有的洁白如絮，有的
shì wū hēi yí kuài　yǒu de shì huī mēng mēng yí piàn　yǒu de fā chū hóng sè hé zǐ
是乌黑一块，有的是灰蒙蒙一片，有的发出红色和紫
sè de guāng cǎi　wǒ men suǒ jiàn dào de gè zhǒng yún de hòu báo xiāng chā hěn dà
色的光彩。我们所见到的各种云的厚薄相差很大，
hěn hòu de céng zhuàng yún　tài yáng hé yuè liang de guāng xiàn hěn nán tòu shè guo
很厚的层状云，太阳和月亮的光线很难透射过
lai　kàn shang qu yún tǐ jiù hěn hēi　shāo wēi báo yì diǎn de céng zhuàng yún hé bō
来，看上去云体就很黑；稍微薄一点的层状云和波
zhuàng yún　kàn qi lai shì huī sè　tè bié shì bō zhuàng yún　yún kuài biān yuán bù
状云，看起来是灰色，特别是波状云，云块边缘部
fen　sè cǎi gèng wéi huī bái　hěn báo de yún　guāng xiàn róng yì tòu guò　tè bié
分，色彩更为灰白；很薄的云，光线容易透过，特别
shì yóu bīng jīng zǔ chéng de báo
是由冰晶组成的薄
yún　yún sī zài yáng guāng xià
云，云丝在阳光下
xiǎn de tè bié míng liàng
显得特别明亮。

dì qiú shang de shuǐ
地球上的水
shì zěn me chǎnshēng de
是怎么产生的

zài dì qiú dàn shēng de zuì chū jiē duàn yuán yǒu de yǐ shuǐ zhēng qì xíng shì
在地球诞生的最初阶段，原有的以水蒸气形式
cún zài de shuǐ jiù yǐ jīng tóng dàn děng dà qì chéng fèn yì qǐ xíng chéng le hǎi yáng
存在的水就已经同氮等大气成分一起形成了海洋。
dì qiú shang de duò xìng zhòng qì tǐ xiān bǐ tài yáng xì zhōng qí tā dà qì yào shǎo
地球上的惰性重气体氙比太阳系中其他大气要少
de duō zhè jiù shì shuō dì qiú shang yuán yǒu de tài
得多。这就是说，地球上原有的太
yáng xì dà qì yǐ xiāo shī qǔ ér dài zhī de shì dì qiú
阳系大气已消失，取而代之的是地球
nèi bù pēn chū de qì tǐ yòu zǔ chéng le dì qiú de dà
内部喷出的气体又组成了地球的大
qì kě yǐ shuō dì qiú shang de shuǐ jiù shì yóu zhè
气。可以说地球上的水就是由这
zhǒng pēn fā chu lai de shuǐ zhēng qì xíng chéng de
种喷发出来的水蒸气形成的。

jiǎ rú kōng qì lǐ quán shì yǎng qì
假如空气里全是氧气，
dì qiú huì zěn me yàng ne
地球会怎么样呢

jiǎ rú kōng qì lǐ quán shì yǎng qì nà jiù zāo gāo le rú guǒ nà yàng
假如空气里全是氧气，那就糟糕了。如果那样，
wù zhì rán shāo shí huì yǐn qǐ bào zhà fā chū xiàng yǎng quē hàn nà yàng de gāo wēn
物质燃烧时会引起爆炸，发出像氧炔焊那样的高温
hé guāng lái dì biǎo yán shí de fēng huà huì gèng jiā è liè chū xiàn hóng
和光来；地表岩石的风化会更加恶劣，出现红
tǔ hóng shí hái huì jiā kuài yǒu jī wù de fēn jiě zài shēng wù
土、红石，还会加快有机物的分解。在生物
jiè lǐ rú guǒ kōng qì zhōng yǎng hé dàn de bǐ lì fā shēng
界里，如果空气中氧和氮的比例发生
le biàn huà rén hé dòng wù de hū xī néng liàng de
了变化，人和动物的呼吸、能量的
shè rù hé shì fàng děng jiù huì chū xiàn yán zhòng de
摄入和释放等就会出现严重的
yǐng xiǎng bìng chū xiàn shēng lǐ gōng néng wěn luàn
影响，并出现生理功能紊乱。
ér qiě hái huì gěi nà xiē xū yào cóng èr yǎng huà tàn
而且还会给那些需要从二氧化碳
zhōng shè qǔ yíng yǎng de zhí wù hé yàn yǎng de
中摄取营养的植物和厌氧的
shēng wù dài lái shēng mìng wēi xiǎn
生物带来生命危险。

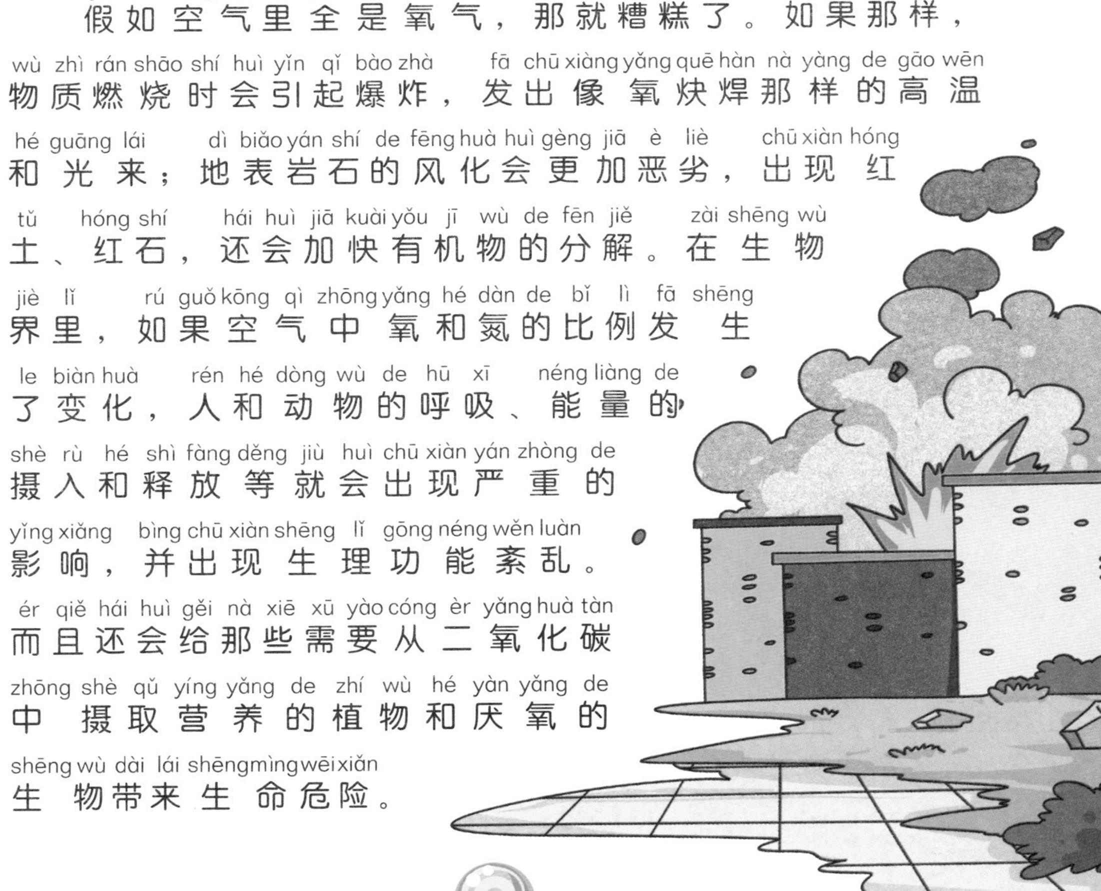

dì qiú de qǐ yuán
地球的起源

bǐ jiào pǔ biàn bèi rén jiē shòu de lǐ lùn shì zài yǔ zhòu dà bào zhà zhī hòu
比较普遍被人接受的理论是在宇宙大爆炸之后，
tài yáng xì xīng yún kāi shǐ shōu suō xíng chéng yǐ tài yáng wéi zhōng xīn de tài yáng
太阳系星云开始收缩，形成以太阳为中心的太阳
xì gāng gāng dàn shēng de dì qiú shì yí gè sǐ jì de shì jiè méi yǒu rèn hé shēng
系。刚刚诞生的地球是一个死寂的世界，没有任何生
mìng jì xiàng bù wěn dìng de dì zhì jié gòu shǐ dì qiào bú duàn fā shēng jī liè
命迹象。不稳定的地质结构，使地壳不断发生激烈
yùn dòng zhè shí zhè kē nián qīng de xīng qiú bú duàn de fā shēng dòng zhèn huǒ
运动，这时这颗年轻的星球不断地发生动震，火
shān pēn fā jiù zài zhè zhǒng chōng zhuàng hé
山喷发，就在这种冲撞和
zhèn hàn zhī zhōng zài tài yáng guāng xiàn de zhào
震撼之中，在太阳光线的照
shè zhī xià dì qiú wán chéng le cóng wú
射之下，地球完成了从无
jī jiè dào yǒu jī jiè de zì
机界到有机界的自
rán yǎn biàn
然演变。

dì qiú de wǔ dài

地球的五带

dì qiú shì gè hěn dà de qiú tǐ wěi dù bù tóng de dì fang tài yáng zhào shè
地球是个很大的球体，纬度不同的地方，太阳照射

de jiǎo dù jiù bù yí yàng yǒu de dì fang zhí shè yǒu de dì fang xié shè
的角度就不一样。有的地方直射，有的地方斜射，

yǒu de dì fang zhěng tiān shèn zhì jǐ gè yuè shòu bú dào yáng guāng
有的地方整天，甚至几个月受不到阳光

zhào shè yīn cǐ gè dì huò dé de tài yáng rè
照射。因此，各地获得的太阳热

liàng yǒu duō yǒu shǎo lěng rè
量有多有少，冷热

jiù yǒu chā bié rén men gēn
就有差别。人们根

jù gè dì huò dé tài yáng rè
据各地获得太阳热

liàng de duō shao bǎ dì qiú
量的多少，把地球

biǎo miàn huà fēn wéi wǔ dài
表面划分为五带：

rè dài běi wēn dài nán
热带、北温带、南

wēn dài běi hán dài hé nán
温带、北寒带和南

hán dài
寒带。

dì qiú zài zhǎng ma
地球在长吗

dì qiú de wài ké shì yóu dì qiào xíng chéng de dì qiào xià miàn shì zhōng jiān céng zhōng jiān céng lǐ shì yóu hé ké hé hé xīn zǔ chéng zhōng jiān céng hé ké hé hé xīn de chéng fèn shì yí yàng de dōu shì yóu gè zhǒng hán guī shí tou de wù zhì zǔ chéng zhǐ shì mì dù bù tóng hé nèi de mì dù zuì dà hé xīn mì dù dà de wù zhì bú duàn shèn tòu dào hé ké zhōng ér ké zhōng de wù zhì yòu bú duàn shèn tòu dào zhōng jiān céng zhè yàng tā men de mì dù jiù biàn xiǎo le suǒ yǐ dì qiú de píng jūn mì dù zǒng shì zài bú duàn de jiǎn shǎo nà me dì qiú de tǐ jī yě jiù suí zhe bú duàn de kuò dà le

地球的外壳是由地壳形成的，地壳下面是中间层，中间层里是由核壳和核心组成。中间层、核壳和核心的成分是一样的，都是由各种含硅（石头）的物质组成，只是密度不同。核内的密度最大。核心密度大的物质不断渗透到核壳中，而壳中的物质又不断渗透到中间层。这样，它们的密度就变小了。所以，地球的平均密度总是在不断地减少，那么，地球的体积也就随着不断地扩大了。

dì qiú de nèi bù yàng zi
地球的内部样子

wǒ men rén lèi shēng huó de dì qiú shì yí gè jù dà de qiú tǐ tā de nèi
我们人类生活的地球，是一个巨大的球体，它的内
bù jiū jìng shì shén me yàng de ne chú le dì biǎo yǐ wài wǒ men shì wú fǎ yòng
部究竟是什么样的呢？除了地表以外，我们是无法用
ròu yǎn guān chá dào dì qiú shēn chù de kě shì suí zhe kē xué de fā zhǎn rén
肉眼观察到地球深处的。可是，随着科学的发展，人
men gēn jù zuàn jǐng cǎi kuàng zhōng huò dé de zī liào hé huǒ shān pēn fā de wù zhì
们根据钻井采矿中获得的资料和火山喷发的物质
lái fēn xī zhú bù nòng qīng le dì qiú nèi bù de wēn dù mì dù yā lì hé huà
来分析，逐步弄清了地球内部的温度、密度、压力和化
xué chéng fèn tè bié shì jìn jǐ shí nián lái rén men lì yòng dì zhèn
学成分。特别是近几十年来，人们利用地震
bō lái yán jiū dì qiú nèi bù de jié gòu hé wù lǐ zhuàng kuàng
波来研究地球内部的结构和物理状况，
zhōng yú jiē kāi le dì qiú nèi bù de mì mì dì qiú nèi
终于揭开了地球内部的秘密。地球内
bù kě yǐ fēn chéng hǎo jǐ gè tóng xīn quān
部可以分成好几个同心圈
céng dà zhì kě yǐ fēn wéi
层，大致可以分为
dì qiào zhōng jiān céng dì
地壳、中间层、地
hé sān gè quān céng
核三个圈层。

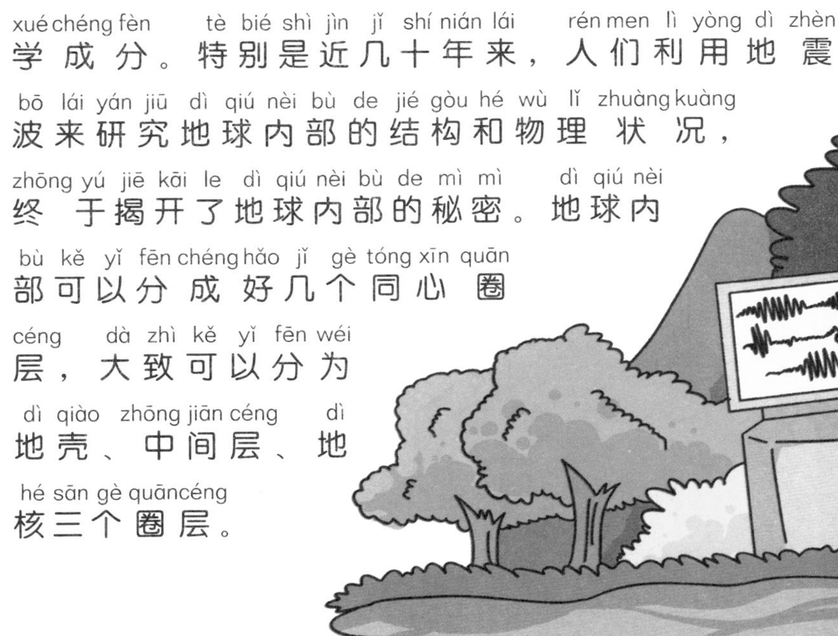

bīngchuān de fēn lèi
冰川的分类

zài gāo shān huò liǎng jí dì qū jī xuě yóu yú zì shēn de yā lì biàn chéng bīng yòu yīn zhòng lì zuò yòng ér yán zhe dì miàn qīng xié fāng xiàng yí dòng zhè zhǒng yí dòng de dà bīng kuài jiào zuò bīng chuān gēn jù bīng chuān de xíng tài tè diǎn kě jiāng bīng chuān fēn wéi dà lù bīng chuān hé shān yuè bīng chuān liǎng dà lèi bīngchuān shì yí gè jù dà de gù tǐ shuǐ kù tā chǔ cún zhe dà liàng de dàn shuǐ zī yuán suí zhe kē xué jì shù de zhú bù fā zhǎn dà liàng de bīng chuān jiāng bèi kāi cǎi wéi dàn shuǐ zī yuán wèi rén lèi fú wù

在高山或两极地区，积雪由于自身的压力变成冰，又因重力作用而沿着地面倾斜方向移动，这种移动的大冰块叫作冰川。根据冰川的形态特点，可将冰川分为大陆冰川和山岳冰川两大类。冰川是一个巨大的固体水库，它储存着大量的淡水资源，随着科学技术的逐步发展，大量的冰川将被开采为淡水资源为人类服务。

yǔ zhòu lǐ yǒu jìng zhǐ bú dòng de xīng xing ma
宇宙里有静止不动的星星吗

suǒ wèi jìng zhǐ bú dòng shì xiāng duì ér yán de qí shí suǒ yǒu de xīng xing dōu zài yùn dòng zhe yuè qiú wéi rào zhe dì qiú gōng zhuàn dì qiú děng xíng xīng wéi rào zhe tài yáng gōng zhuàn tài yáng yòu hé dà yuē liǎng qiān yì kē héng xīng zài yín hé xì zhè ge yuán pán xíng de xīng jí tuán zhōng yǐ dà zhì xiāng tóng de fāng xiàng wéi rào zhe yín hé xì zhōng xīn gōng zhuàn qíng xíng rú tóng shuǐ zú guǎn li yuán xíng dà shuǐ xiāng zhōng yóu dòng de shā dīng yú qún zhěng gè yú qún de yóu dòng fāng xiàng hé sù dù shì jī běn bú biàn de dàn měi tiáo yú què yào gēn jù zì jǐ de yì zhì rèn yì zuò chū gè zhǒng dòng zuò

所谓静止不动是相对而言的，其实，所有的星星都在运动着。月球围绕着地球公转，地球等行星围绕着太阳公转，太阳又和大约两千亿颗恒星在银河系这个圆盘形的星集团中，以大致相同的方向围绕着银河系中心公转。情形如同水族馆里圆形大水箱中游动的沙丁鱼群，整个鱼群的游动方向和速度是基本不变的，但每条鱼却要根据自己的意志任意做出各种动作。

xīng zuò de lái lì
星座的来历

tiān shang xīng liàng jīng jīng shǔ
天上星，亮晶晶，数

yě shǔ bù qīng wèi le rèn xīng de fāng biàn gǔ dài xī fāng tiān wén xué jiā bǎ xīng
也数不清。为了认星的方便，古代西方天文学家把星

kōng huà fēn chéng xǔ duō qū yù hái yòng gǔ xī là shén huà zhōng de rén wù
空划分成许多区域，还用古希腊神话中的人物、

dòng wù wù pǐn děng lái mìng míng zhè jiù shì xīng zuò suǒ yǐ xīng zuò dà dōu
动物、物品等来命名，这就是星座。所以，星座大都

yǒu yí gè měi lì de shén huà gù shi bǐ rú dà yīng xióng mǎ rén kā róng de gù shi
有一个美丽的神话故事。比如大英雄马人喀戎的故事

rén mǎ zuò liè hù ào lài wēn bèi zì jǐ xīn ài de yuè liang nǚ shén shè sǐ de
（人马座）、猎户奥赖温被自己心爱的月亮女神射死的

gù shi liè hù zuò shuāng zǐ shēng sǐ bù fēn lí de gù shi shuāng zǐ zuò
故事（猎户座）、双子生死不分离的故事（双子座）

děng děng wú bù cuī rén lèi xià yóu yú gǔ xī là shén huà dà duō shì bēi jù gù
等等，无不催人泪下。由于古希腊神话大多是悲剧故

shi suǒ yǐ dāng wǒ men zài yǎng wàng xīng
事，所以当我们在仰望星

kōng shí bù de bù gǎn tàn mǎn tiān de
空时，不得不感叹：满天的

xīng zuò mǎn tiān de bēi jù
星座，满天的悲剧！

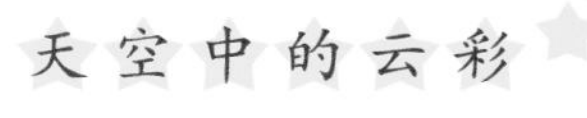

huǒ liú xīng

火流星

huǒ liú xīng kàn shàng qù fēi cháng míng liàng xiàng tiáo shǎn shǎn fā guāng de jù dà huǒ lóng fā zhe shā shā de xiǎng shēng yǒu shí hái yǒu bào zhà shēng yǒu de huǒ liú xīng shèn zhì zài bái tiān yě néng kàn dào huǒ liú xīng de chū xiàn shì yīn wèi tā de liú xīng tǐ zhì liàng jiào dà jìn rù dì qiú dà qì hòu lái bu jí zài gāo kōng rán jìn ér jì xù chuǎng rù mì jí de dī céng dà qì yǐ jí gāo de sù dù hé dì qiú dà qì jù liè mó cā chǎn shēng cì yǎn de guāng liàng huǒ liú xīng xiāo shī hòu zài tā chuān guò de lù jìng shang huì liú xià yún wù zhuàng de cháng dài chēng wéi liú xīng yú jì yǒu xiē yú jì xiāo shī de hěn kuài yǒu de zé kě cún zài jǐ miǎo zhōng dào jǐ fēn zhōng shèn zhì cháng dá jǐ shí fēn zhōng

火流星看上去非常明亮，像条闪闪发光的巨大火龙，发着“沙沙”的响声，有时还有爆炸声。有的火流星甚至在白天也能看到。火流星的出现是因为它的流星体质量较大，进入地球大气后来不及在高空燃尽而继续闯入密集的低层大气，以极高的速度和地球大气剧烈摩擦，产生刺眼的光亮。火流星消失后，在它穿过的路径上，会留下云雾状的长带，称为“流星余迹”；有些余迹消失得很快，有的则可存在几秒钟到几分钟，甚至长达几十分钟。

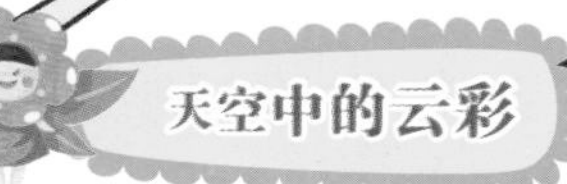

mĕi lì de liú xīng yŭ

美丽的流星雨

zài gè zhǒng liú xīng xiàn xiàng zhōng zuì měi lì zuì zhuàng guān de yào shǔ
在各种流星现象中，最美丽、最壮观的要数
liú xīng yǔ xiàn xiàng dāng tā chū xiàn shí qiān wàn kē liú xīng xiàng yì tiáo tiáo shǎn
流星雨现象。当它出现时，千万颗流星像一条条闪
guāng de sī dài liú xīng yǔ shì yì zhǒng yóu chéng qún de liú xīng kàn qi lai xiàng
光的丝带。流星雨是一种由成群的流星看起来像
shì cóng kōng zhōng de yì diǎn bèng fā chu lai bìng fù luò xia lai de tè shū tiān
是从空中的一点迸发出来，并附落下来的特殊天
xiàng liú xīng yǔ de guī mó dà bù xiāng tóng yǒu shí zài yì xiǎo shí zhōng zhǐ chū xiàn
象。流星雨的规模大不相同。有时在一小时中只出现
jǐ kē liú xīng dàn tā men kàn qi lai dōu shì cóng tóng yí gè fú shè diǎn liú chū
几颗流星，但它们看起来都是从同一个辐射点“流出”
de yīn cǐ yě shǔ yú liú xīng yǔ de fàn chóu yǒu shí zài duǎn shí jiān nèi zài tóng
的，因此也属于流星雨的范畴；有时在短时间内，在同
yī fú shè diǎn zhōng néng bèng fā chū chéng
一辐射点中能迸发出成
qiān shàng wàn kē liú xīng jiù xiàng jié rì
千上万颗流星，就像节日
zhōng rén men rán fàng de lǐ huā nà yàng
中人们燃放的礼花那样
zhuàng guān
壮观。

hǎi shuǐ wèi shén me shì xián de
海水为什么是咸的

rú guǒ nǐ cháng guò hǎi shuǐ yí dìng hěn nán wàng jì nà yòu xián yòu sè de
如果你尝过海水，一定很难忘记那又咸又涩的

yè tǐ zhè bìng bú shì shuǐ běn shēn de wèi dào yīn wèi shuǐ shì méi yǒu wèi dào
液体，这并不是水本身的味道，因为水是没有味道

de wǒ men gǎn jué dào de shuǐ de wèi dào
的。我们感觉到的水的味道，

qí shí shì shuǐ lǐ miàn hán yǒu de wù zhì de wèi
其实是水里面含有的物质的味

dào hǎi shuǐ zhī suǒ yǐ yòu xián yòu sè shì yīn
道。海水之所以又咸又涩，是因

wèi tā lǐ miàn yǒu xǔ duō zhǒng yán lèi wù zhì
为它里面有许多种盐类物质，

jiù shì zhè xiē wù zhì shǐ hǎi shuǐ jù yǒu wèi dào
就是这些物质使海水具有味道。

hé shuǐ suī rán yě hán yǒu yán dàn shì hán liàng
河水虽然也含有盐，但是含量

shí fēn xī shǎo suǒ yǐ hé shuǐ de wèi dào bǐ hǎi
十分稀少，所以河水的味道比海

shuǐ dàn hěn duō
水淡很多。

shuí fā xiàn dì qiú shì yuán de
谁发现地球是圆的

dì qiú shì qiú xíng zhè yí gài niàn zuì xiān shì gōng yuán qián wǔ liù shì jì de
地球是球形这一概念最先是公元前五六世纪的
gǔ xī là zhé xué jiā bì dá gē lā sī tí chū de dàn shì tā de zhè zhǒng xìn niàn
古希腊哲学家毕达哥拉斯提出的。但是他的这种信念
jǐn shì yīn wèi tā rèn wéi yuán qiú zài suǒ yǒu
仅是因为他认为圆球在所有
jǐ hé xíng tǐ zhōng zuì wán měi ér bú shì
几何形体中最完美，而不是
gēn jù rèn hé kè guān shì shí dé chū de yǐ
根据任何客观事实得出的。以
hòu yà lǐ shì duō dé gēn jù yuè shí shí yuè
后，亚里士多德根据月食时月
miàn chū xiàn de dì yǐng shì yuán xíng de gěi
面出现的地影是圆形的，给
chū le dì qiú shì qiú xíng de dì yī gè kē xué
出了地球是球形的第一个科学
zhèng jù
证据。

月亮绕着地球转

因为地球行星系是一个旋涡。在这个旋涡里，地球和月亮都要不由自主地跟着旋涡转。只是地球处于中心，所以自转速度比月亮公转速度快。月亮处于旋涡的外围，只能绕着地球转。实际上月亮是围着地球行星系中心转，而地球恰好就在地球行星系中心，所以，人们就认为月亮绕着地球转。

wèi shén me zhǐ yǒu dōng tiān cái xià xuě
为什么只有冬天才下雪

qí shí rèn hé shí hou dōu kě yǐ xià xuě zhǐ yào tiáo jiàn hé shì shuǐ qì
其实任何时候都可以下雪，只要条件合适。水汽

xiǎng yào jié jīng xíng chéng jiàng xuě bì xū jù bèi liǎng gè tiáo jiàn yí gè tiáo
想要结晶，形成降雪必须具备两个条件：一个条

jiàn shì shuǐ qì bǎo hé lìng yí gè tiáo jiàn shì kōng qì lǐ bì xū yǒu níng jié hé
件是水汽饱和。另一个条件是空气里必须有凝结核。

zài sì gè jì jié zhōng zhǐ yǒu dōng tiān tóng shí kě yǐ mǎn zú zhè liǎng gè tiáo
在四个季节中，只有冬天同时可以满足这两个条

jiàn qí tā sān gè jì jié dá bú dào zhè liǎng gè tiáo jiàn suǒ yǐ zhǐ yǒu dōng tiān
件，其他三个季节达不到这两个条件，所以只有冬天

cái huì xià xuě
才会下雪。

昼夜更替现象

由于地球的自转，地球不同位置同一时刻的昼夜情况是不一样的，有的是正午，有的是子夜，有的正经历昼夜交替的早晨或傍晚。当某地太阳升起到一天中最高位置时，太阳只射在该地所处的经线上，这时就是当地的正午。由于地轴是倾斜的，所以地球上不同地区的昼夜长短是不同的。在地球的南北两极地区，太阳终年斜射，昼夜长短变化最大。

shí chā
时 差

liǎng gè dì qū dì fāng shí zhī jiān de chā bié chēng zuò shí chā ér dì fāng
两个地区地方时之间的差别称作时差。而地方
shí shì suí dì qiú zì zhuàn yì tiān zhōng tài yáng dōng shēng xī luò tài yáng jīng
时是随地球自转，一天中太阳东升西落，太阳经
guò mǒu dì tiān kōng de zuì gāo diǎn shí wéi cǐ dì de dì fāng shí diǎn yīn cǐ
过某地天空的最高点时为此地的地方时12点，因此，
bù tóng jīng xiàn shang jù yǒu bù tóng de dì fāng shí tóng yī shí qū nèi suǒ yòng de
不同经线上具有不同的地方时。同一时区内所用的
tóng yī shí jiān shì qū shí quán shì jiè suǒ yòng de tóng yī shí jiān
同一时间是区时，全世界所用的同一时间
shì shì jiè shí qū shí jīng dù měi gé dù chà yì xiǎo shí dì
是世界时。区时经度每隔15度差一小时，地
fāng shí jīng dù měi gé dù chà fēn zhōng
方时经度每隔1度差4分钟。

cháo xī shì zěn me xíngchéng de
潮汐是怎么形成的

dào guò hǎi biān de rén dōu zhī dào hǎi shuǐ yǒu
到过海边的人都知道，海水有
zhǎng cháo hé luò cháo xiàn xiàng zhǎng cháo shí hǎi shuǐ
涨潮和落潮现象。涨潮时，海水
shàng zhǎng jǐng sè shí fēn zhuàng guān tuì cháo shí
上涨，景色十分壮观；退潮时，
hǎi shuǐ qiǎo rán tuì qù lù chū yí piàn hǎi tān yuán
海水悄然退去，露出一片海滩。原
lái hǎi shuǐ suí zhe dì qiú zì zhuàn yě zài xuán zhuàn
来，海水随着地球自转也在旋转，
ér xuán zhuàn de wù tǐ dōu shòu dào lí xīn lì de zuò
而旋转的物体都受到离心力的作
yòng shǐ tā men yǒu lí kāi xuán zhuàn zhōng xīn de qīng
用，使它们有离开旋转中心的倾
xiàng tóng shí hǎi shuǐ hái shòu dào yuè qiú tài yáng hé
向。同时海水还受到月球、太阳和

qí tā tiān tǐ de xī yǐn lì zhè yàng
其他天体的吸引力。这样
hǎi shuǐ zài zhè liǎng gè lì de gòng tóng
海水在这两个力的共同
zuò yòng xià xíng chéng le yǐn cháo lì
作用下形成了引潮力。

yóu yú dì qiú yuè qiú zài bú duàn yùn dòng dì qiú yuè qiú yǔ tài
由于地球、月球在不断运动，地球、月球与太
yáng de xiāng duì wèi zhì zài fā shēng zhōu qī xìng biàn huà yīn cǐ yǐn
阳的相对位置在发生周期性变化，因此引
cháo lì yě zài zhōu qī xìng biàn huà zhè jiù shǐ cháo xī xiàn xiàng zhōu
潮力也在周期性变化，这就使潮汐现象周
qī xìng de fā shēng
期性地发生。

天有多高，地有多厚

天高，自然从地面算起。可是算到哪儿为止呢？近年来，根据人造地球卫星和宇宙火箭的考察结果。在两千至三千千米的高空，也找到了气体分子。在远离地球一万六千千米的高空，还存在着气体的痕迹。地下的情况怎么样呢？科学家们推断：地球内部可以分成地壳、地幔、地核等不同性质的同心圈层。目前，人类钻进不过八至十千米，还远没有突破地壳。

地球自转的原因

dì qiú zì zhuàn de yuán yīn

太阳系的几乎所有天体包括小行星都自转，而且是按照右手定则的规律自转，所有或者说绝大多数天体的公转也都是右手定则。太阳系的前身是一团密云，受某种力量驱使，使它彼此相吸，这个吸积过程，使密度小的逐渐变大，这就加速吸积过程。地球自转的能量来源就是由物质势能最后变成动能所致，最终是地球一方面公转，一方面自转。

zěn yàng zhǎo běi jí xīng
怎样找北极星

rú guǒ xiǎng yào zài tiān kōng zhōng zhǎo dào běi jí xīng qí shí shì hěn róng yì de yí jiàn shì shǒu xiān wǒ men yào xiān zhǎo dào dà xióng xīng zài zhǎo dào běi dǒu qī xīng cóng sháo tóu biān shang de nà liǎng kē zhǐ jí xīng yǐn chū yì tiáo zhí xiàn tā yán cháng guò qù zhèng hǎo tōng guò běi jí xīng

如果想要在天空中找到北极星，其实是很容易的一件事。首先我们要先找到大熊星，再找到北斗七星。从勺头边上的那两颗指极星引出一条直线，它延长过去正好通过北极星。

běi jí xīng dào sháo tóu de jù lí zhèng hǎo shì liǎng kē zhǐ jí xīng jiān jù lí de bèi yě kě yǐ tōng guò xiān hòu zuò zhǎo běi jí xīng

北极星到勺头的距离，正好是两颗指极星间距离的5倍。也可以通过“仙后座”找北极星。

什么是星座

我们抬头看星星的时候，经常可以看到很多星星在一起，组成了特别的形状。为了便于识别星星，古人将天球划分为许多区域，每个区域有若干个星星。人们把这些区域叫作星座，这样一共分为88个星座，每个星座都有唯一的名字。每一星座可由其中亮星的特殊分布而辨认出来。他们的界线大致是平行和垂直于天赤道的弧线。

牛郎、织女星

织女星即天琴座α，中国民间和天文界简称织女星。织女星是北半天球亮度仅次于大角的明星，也是北半天球最亮的早型星。牛郎星和织女星是两颗像太阳那样的恒星，它们也是能够自己发光发热的。牛郎星正式的中国名称是河鼓二，它和其他几颗星合成一个星座，叫天鹰星座。织女星正式的中国名称是织女一；它和其他几颗星合成一个星座，叫天琴星座。星座的名字和划分都是从西方引进的。

shuí gěi xīng zuò qǐ de míng zi
谁给星座起的名字

wǒ men měi yí gè rén dōu yǒu zì jǐ de míng zi ér míng zi jiù shì wǒ men de dài hào tiān shang de xīng zuò yě shì tóng yàng de dào lǐ tā men yě dōu yǒu zì jǐ de míng zi kě shì nǐ men zhī dào xīng zuò de míng zi shì shén me rén gěi qǐ de ma zuì chū wèi xīng zuò mìng míng de shì bā jiǔ shì jì shí de ā lā bó tiān wén xué jiā dàn shì hái yǒu bǐ ā lā bó rén gèng zǎo wèi xīng zuò mìng míng de rén tā men jiù shì shēng huó zài bā bǐ lún dì qū de shǎn zú mù tóng

我们每一个人都有自己的名字，而名字就是我们的代号。天上的星座也是同样的道理，它们也都有自己的名字。可是你们知道，星座的名字是什么人给起的吗？最初为星座命名的是八九世纪时的阿拉伯天文学家。但是还有比阿拉伯人更早为星座命名的人，他们就是生活在巴比伦地区的闪族牧童。

měi lì de rì chū
美丽的日出

rì chū zhǐ tài yáng chū shēng chū dì píng xiàn huò zuì chū kàn dào de tài yáng de
日出指太阳初升出地平线或最初看到的太阳的
chū xiàn　rì chū shí tài yáng guāng yīn wèi shòu dào dì qiú dà qì céng huī chén de yǐng
出现。日出时太阳光因为受到地球大气层灰尘的影
xiǎng ér chǎn shēng sǎn shè　suǒ yǐ zhè shí de tiān kōng huì mí màn zhe xiá qì　rán
响而产生散射，所以这时的天空会弥漫着霞气，然
ér rì chū de xiá qì jiào rì luò de dàn yǎ　zhè shì yīn wèi rì chū shí dà qì céng li
而日出的霞气较日落的淡雅，这是因为日出时大气层里
de huī chén jiào rì luò shí wéi shǎo　rì chū de shí jiān huì suí jì jié jí gè dì fāng wěi
的灰尘较日落时为少。日出的时间会随季节及各地方纬
dù de bù tóng ér gǎi biàn　chuán tǒng shàng rèn wéi zài běi bàn qiú　dōng zhì shí rì chū
度的不同而改变。传统上认为在北半球，冬至时日出
de shí jiān zuì wǎn　rán ér shì shí shang rì chū zuì wǎn de shí jiān yīng gāi shì　yuè
的时间最晚，然而事实上日出最晚的时间应该是1月
chū　tóng yī dào li　rì chū zuì zǎo de shí jiān bìng fēi zài xià zhì shí　ér shì zài
初。同一道理，日出最早的时间并非在夏至时，而是在6
yuè chū
月初。

lán sè de dà hǎi

蓝色的大海

wǒ men zhàn zài lún chuán shang kàn dà hǎi hǎi shuǐ zǒng shì bì lán bì lán
我们站在轮船上看大海，海水总是碧蓝碧蓝
de dàn shì rú guǒ yǎo yì sháo hǎi shuǐ kàn kan jiù huì fā xiàn hǎi shuǐ bìng bú shì
的。但是，如果舀一勺海水看看，就会发现海水并不是
lán sè de ér xiàng zì lái shuǐ yí yàng shì wú sè tòu míng de zhè shì zěn me huí
蓝色的，而像自来水一样，是无色透明的。这是怎么回
shì ne qí shí dà hǎi kàn shang qu shì lán sè de shì yīn wèi zhè bù fen bèi sǎn shè hé
事呢？其实大海看上去是蓝色的，是因为这部分被散射和
bèi fǎn shè de lán guāng hé zǐ guāng jìn rù le wǒ men yǎn zhōng hǎi shuǐ yuè shēn bèi
被反射的蓝光和紫光进入了我们眼中。海水越深，被
sǎn shè hé bèi fǎn shè de lán guāng
散射和被反射的蓝光
jiù yuè duō kàn shang qu yě jiù yuè
就越多，看上去也就越
lán le
蓝了。

shén me shì hēi dòng

什么是黑洞

hēi dòng shì yì zhǒng fēi cháng shén mì de tiān tǐ tā de tǐ jī hěn xiǎo
黑洞是一种非常神秘的天体。它的体积很小，
dàn mì dù què dà de jīng rén suǒ yǐ yǐn lì yě tè bié qiáng dà yóu yú hēi dòng
但密度却大得惊人，所以引力也特别强大。由于黑洞
běn shēn bù fā guāng suǒ yǐ yòng rèn hé qiáng dà de wàng yuǎn jìng dōu kàn bú jiàn hēi
本身不发光，所以用任何强大的望远镜都看不见黑
dòng hēi dòng jiù xiàng yí gè mí méi yǒu rén néng kàn jiàn tā dàn hēi dòng qiáng
洞。黑洞就像一个谜，没有人能看见它。但黑洞强
dà de xī yǐn lì huì yǐng xiǎng tā fù jìn de tiān tǐ ér yí
大的吸引力会影响它附近的天体，而一
dàn luò rù hēi dòng biàn wú yǐng wú zōng
旦落入黑洞，便无影无踪。

xíngzhuàng gè yì de yún cai
形状各异的云彩

tiān kōng zhōng de yún cai qiān zī bǎi tài yǒu shí tiān gāo yún dàn yǒu shí wū
天空中的云彩千姿百态，有时天高云淡，有时乌
yún mì bù yǒu shí xiàng róu sī qīng yǔ yǒu shí xiàng yú lín shuǐ bō yǒu shí hái
云密布，有时像柔丝轻羽，有时像鱼鳞水波，有时还
xiàng shān luán dié qǐ chéng bǎo lián mián wèi shén me huì yǒu zhè xiē bù tóng xíng tài
像山峦叠起、城堡连绵。为什么会有这些不同形态
de yún cai ne yún cai de xíng tài bù tóng dì yī
的云彩呢？云彩的形态不同，第一
shì yóu yú bù tóng gāo dù de qì wēn bù yí yàng dì
是由于不同高度的气温不一样；第
èr shì yóu yú fēng sù de bù tóng dì sān shì gāo dù
二是由于风速的不同；第三是高度
bù tóng shuǐ qì de hánliàng yě bù yí yàng
不同，水汽的含量也不一样。

qíng tiān de yè li
晴天的夜里
wèi shén me huì hěn lěng
为什么会很冷

bái tiān tài yáng guāng shè xiàng dà dì hòu bèi dì miàn xī shōu biàn wéi cháng
白天，太阳光射向大地后被地面吸收，变为长
bō cháng de rè xiàng tài kōng fú shè zhè zhǒng fú shè néng yì zhí chí xù hěn jiǔ
波长的热向太空辐射，这种辐射能一直持续很久。
yóu yú zài qíng tiān yǒu tài yáng bú duàn gòng jǐ dì miàn néng liàng suǒ yǐ dì miàn
由于在晴天有太阳不断供给地面能量，所以地面
de wēn dù huì bú duàn shēng gāo ér dào le yè wǎn dì miàn méi yǒu le néng liàng
的温度会不断升高，而到了夜晚，地面没有了能量
gòng jǐ ér dì miàn yòu bù tíng de xiàng tài kōng fú shè rè suǒ yǐ dì miàn fù
供给，而地面又不停地向太空辐射热，所以地面附
jìn de qì wēn jiù huì míng xiǎn de jiàng dī zài yīn tiān de shí hou tiān kōng shàng
近的气温就会明显地降低。在阴天的时候，天空上
miàn yǒu yì céng hòu hòu de yún yún jiù huì bǎ dì miàn fú shè de rè gěi fǎn shè huí
面有一层厚厚的云，云就会把地面辐射的热给反射回
lai dì miàn jiù xiàng gài le yì céng hòu hòu de bèi zi shǐ rè néng gòu yǒu xiào
来，地面就像盖了一层厚厚的被子，使热能够有效
de liú zài dì miàn qì wēn yě jiù bú nà me dī le
地留在地面，气温也就不那么低了。

tài yáng luò shān shí wèi shén me shì biǎn yuán xíng
太阳落山时为什么是扁圆形

kōng qì jù yǒu zhé shè guāng xiàn de néng lì tài yáng guāng zài dào dá dì
空气具有折射光线的能力。太阳光在到达地

miàn qián xiān yào chuān guò dà qì céng yáng guāng shòu dào dà qì zhé shè de zuò
面前，先要穿过大气层，阳光受到大气折射的作

yòng shāo shāo xiàng xià wān qū chuān guò de kōng qì céng yuè hòu wān qū de chéng
用，稍稍向下弯曲。穿过的空气层越厚，弯曲的程

dù yuè dà cóng dì píng xiàn fāng xiàng xié shè guò lái de yáng guāng
度越大。从地平线方向斜射过来的阳光

chuān guò de kōng qì céng tè bié hòu suǒ yǐ luò
穿过的空气层特别厚，所以落

shān shí de tài yáng shòu dà qì zhé shè de yǐng
山时的太阳，受大气折射的影

xiǎng tè bié míng xiǎn yīn cǐ kàn shang
响特别明显。因此，看上

qu zhěng gè tài yáng jiù biàn chéng le biǎn
去整个太阳就变成了扁

yuánxíng
圆形。

秋天的绿叶为什么变色

当秋天到来时，白天缩短而夜晚延长，这时树木开始落叶。在落叶之前，树木不再像春天和夏天那样制造大量的叶绿素，并且已有的色素，比如叶绿素，也会逐渐分解。这样，随着叶绿素含量的逐渐减少，其他色素的颜色就会在叶面上渐渐显现出来，于是树叶就呈现出黄、红等颜色。

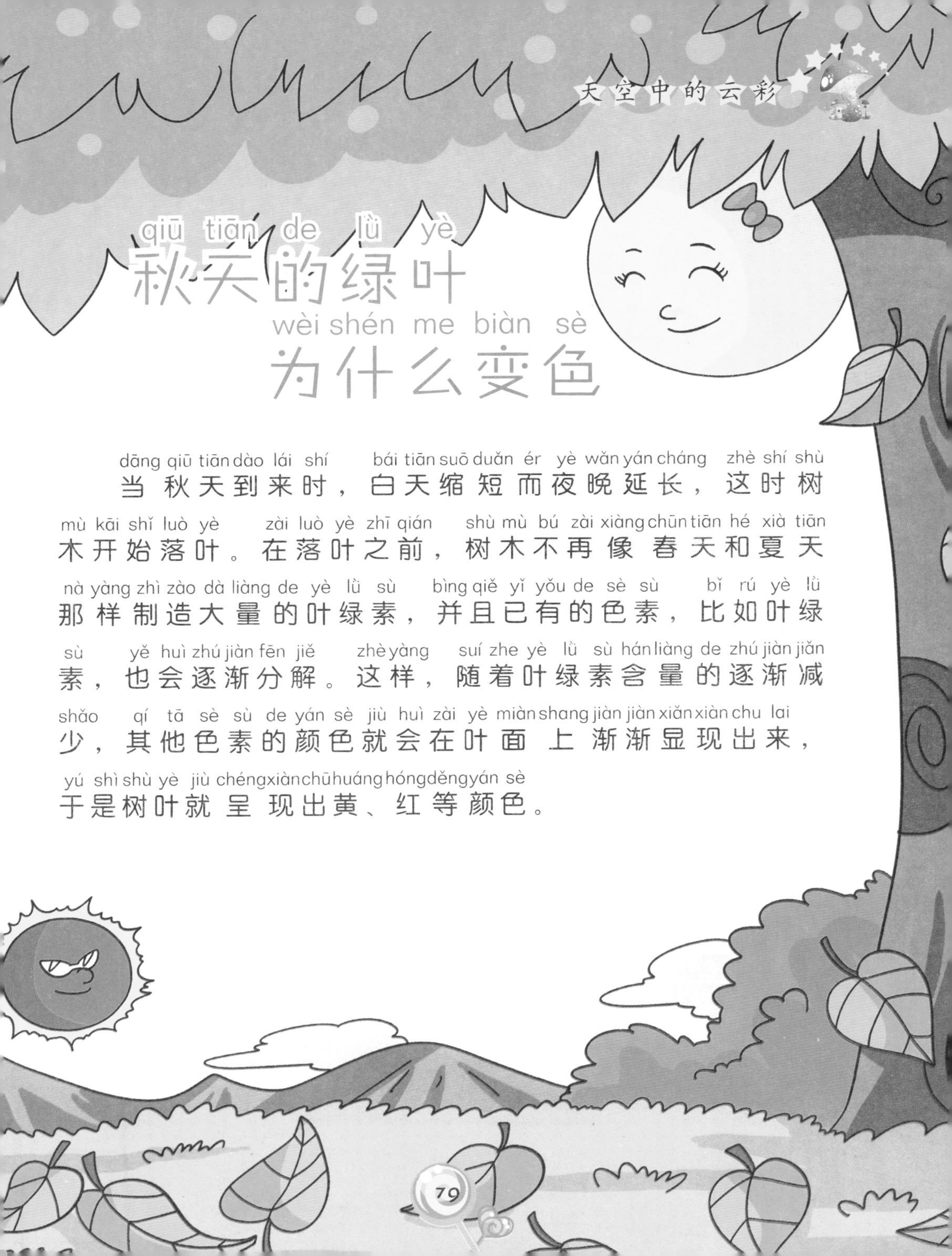

hú dié xiào yìng
蝴蝶效应

hú dié chì bǎng de yùn dòng dǎo zhì qí shēn biān de kōng qì xì tǒng fā shēng biàn huà bìng yǐn qǐ wēi ruò qì liú de chǎn shēng ér wēi ruò qì liú de chǎn shēng yòu huì yǐn qǐ tā sì zhōu kōng qì huò qí tā xì tǒng chǎn shēng xiāng yìng de biàn huà yóu cǐ yǐn qǐ lián suǒ fǎn yìng zuì zhōng dǎo zhì qí tā xì tǒng de jí dà biàn huà cǐ xiào yìng shuō míng shì wù fā zhǎn de jié guǒ duì chū shǐ tiáo jiàn jù yǒu jí wéi mǐn gǎn de yī lài xìng chū shǐ tiáo jiàn de jí xiǎo piān chā jiāng huì yǐn qǐ jiē guǒ de jí dà chā yì

蝴蝶翅膀的运动，导致其身边的空气系统发生变化，并引起微弱气流的产生，而微弱气流的产生又会引起它四周空气或其他系统产生相应的变化，由此引起连锁反映，最终导致其他系统的极大变化。此效应说明，事物发展的结果，对初始条件具有极为敏感的依赖性，初始条件的极小偏差，将会引起结果的极大差异。

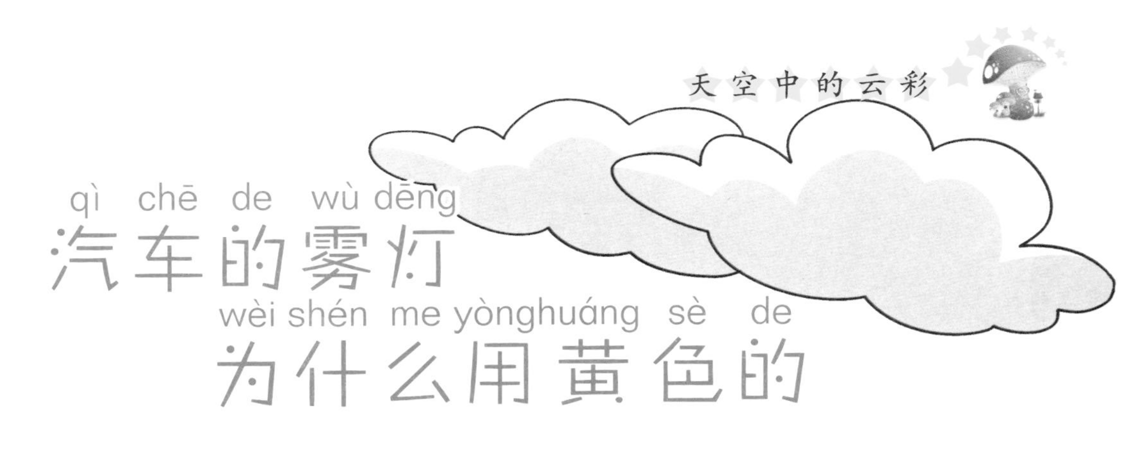

qì chē de wù dēng

wèi shén me yòng huáng sè de

汽车的雾灯为什么用黄色的

zài qì chē chē tóu liǎng cè yì bān dōu yǒu liǎng zhī dà dēng dǎ kāi hòu néng
在汽车车头两侧，一般都有两只大灯，打开后能
zhào shè chū yào yǎn de guāng liàng zhào liàng qián fāng dào lù shǐ qì chē zài hēi àn
照射出耀眼的光亮，照亮前方道路，使汽车在黑暗
zhōng ān quán xíng shǐ zài tā men liǎng cè hái ān zhuāng yǒu wù dēng wǒ men
中安全行驶。在它们两侧，还安装有雾灯。我们
zhī dào bù tóng yán sè de guāng jù yǒu bù tóng cháng dù
知道，不同颜色的光具有不同长度
de bō cháng bō cháng yuè duǎn de guāng xiàng sì miàn fā
的波长。波长越短的光，向四面发
sàn chuán bō de jù lí yuè yuǎn huáng sè dēng
散传播的距离越远。黄色灯
guāng de bō cháng bǐ qǐ dà guāng dēng fā
光的波长，比起大光灯发
shè de bái guāng yào duǎn de duō zhào shè
射的白光要短得多，照射
de jù lí yào yuǎn de duō chuān
的距离要远得多，穿
tòu xìng yào qiáng de duō
透性要强得多。

fēng de zuò yòng

风的作用

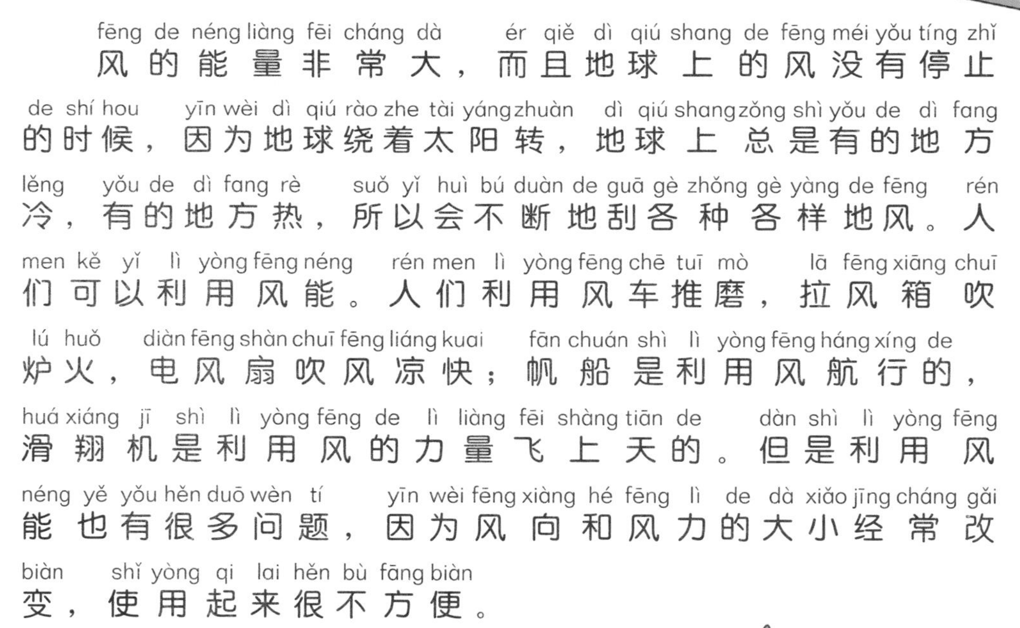

fēng de néng liàng fēi cháng dà ér qiě dì qiú shang de fēng méi yǒu tíng zhǐ
风的能量非常大，而且地球上的风没有停止
de shí hou yīn wèi dì qiú rào zhe tài yáng zhuàn dì qiú shang zǒng shì yǒu de dì fang
的时候，因为地球绕着太阳转，地球上总是有的地方
lěng yǒu de dì fang rè suǒ yǐ huì bú duàn de guā gè zhǒng gè yàng de fēng rén
冷，有的地方热，所以会不断地刮各种各样地风。人
men kě yǐ lì yòng fēng néng rén men lì yòng fēng chē tuī mò lā fēng xiāng chuī
们可以利用风能。人们利用风车推磨，拉风箱吹
lú huǒ diàn fēng shàn chuī fēng liáng kuai fān chuán shì lì yòng fēng háng xíng de
炉火，电风扇吹风凉快；帆船是利用风航行的，
huá xiáng jī shì lì yòng fēng de lì liàng fēi shàng tiān de dàn shì lì yòng fēng
滑翔机是利用风的力量飞上天的。但是利用风
néng yě yǒu hěn duō wèn tí yīn wèi fēng xiàng hé fēng lì de dà xiǎo jīng cháng gǎi
能也有很多问题，因为风向和风力的大小经常改
biàn shǐ yòng qi lai hěn bù fāng biàn
变，使用起来很不方便。

xiàn zài wǒ men zhǔ yào shì lì yòng
现在，我们主要是利用
fēng néng lái fā diàn rán hòu
风能来发电，然后
zài lì yòng diàn lì qù gàn
再利用电力去干
gè zhǒng huó
各种活。

zì xíng chē qí qǐ lái
自行车骑起来
wèi shén me bù dǎo
为什么不倒

fán shì gāo sù zhuàn dòng de wù tǐ dōu yǒu yì zhǒng néng bǎo chí zhuàn dòng
凡是高速转动的物体，都有一种能保持转动
zhóu fāng xiàng bú biàn de néng lì shǐ tā men bú xiàng liǎng cè dǎo wǒ men qí
轴方向不变的能力，使它们不向两侧倒。我们骑
chē shí shì zài qián jìn de fāng xiàng shang gěi zì xíng chē yí gè lì shǐ chē lún zhuàn
车时是在前进的方向上给自行车一个力，使车轮转
dòng qǐ lái chē lún jiù néng bǎo chí yí dìng de píng héng zhuàng tài zài lì yòng
动起来，车轮就能保持一定的平衡状态，再利用
chē bǎ tiáo jié yí xià píng héng zì xíng chē jiù kě yǐ wǎng qián zǒu
车把调节一下平衡，自行车就可以往前走
le kě shì yì tíng xia lai chē zi jiù huì yīn shī qù píng héng
了。可是一停下来，车子就会因失去平衡
dǎo xia lai zài zhuǎn wān
倒下来。在转弯
shí shēn tǐ yīng xiàng tóng
时，身体应向同
yī fāng xiàng qīng xié zhè
一方向倾斜，这
yàng jiù bú huì shuāi dǎo
样就不会摔倒。

yǔ de dà xiǎo

雨的大小

yuán lái yǔ dī shì yóu yún li de shuǐ qì yù lěng biàn chéng de shuǐ qì

原来，雨滴是由云里的水汽遇冷变成的，水气

yě jiù shì jí xiǎo jí xiǎo de xiǎo shuǐ dī rú guǒ yún hěn hòu hěn dà lǐ miàn

也就是极小极小的小水滴。如果云很厚、很大，里面

de shuǐ qì hěn duō shuǐ dī wēn dù de gāo dī bù yí yàng zhè xiē shuǐ dī yí huì er

的水汽很多，水滴温度的高低不一样，这些水滴一会儿

wǎng shàng yí huì er wǎng xià bù tóng wēn dù de shuǐ dī hù xiāng pèng zhuàng hé

往上一会儿往下，不同温度的水滴互相碰撞、合

bìng shuǐ dī jiù yuè lái yuè dà yuè lái yuè zhòng zhí dào kōng qì tuō bú zhù shí

并，水滴就越来越大，越来越重，直到空气托不住时，

biàn luò xia lai luò dào dì miàn jiù chéng le yǔ dī yǒu

便落下来，落到地面就成了雨滴，有

shí dà dào xiàng fān le jiāng hé yí yàng xiè dào

时大到像翻了江河一样泻到

dì shang zhè jiù shì dà yǔ huò bào yǔ

地上，这就是大雨或暴雨。

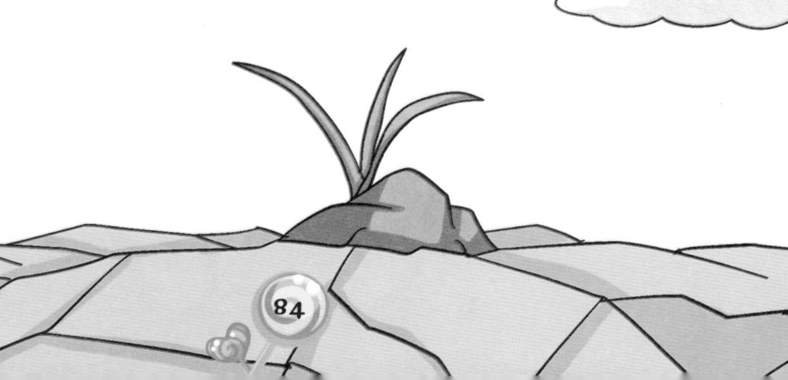

yuè liang wèi shén me měi tiān
月亮为什么每天
kàn qi lai dōu bù tóng
看起来都不同

yuè qiú zài rào dì qiú gōng zhuàn shí， huì yīn tài yáng zhào shè bù tóng jiǎo dù
月球在绕地球公转时，会因太阳照射不同角度

ér chū xiàn bù tóng de yuè xiàng， suǒ yǐ wǒ men kě yǐ liǎo jiě yuè miàn biàn huà de
而出现不同的月相，所以我们可以了解月面变化的

guān jiàn zài yú yuè qiú zài rào dì qiú gōng zhuàn shí suǒ chǔ de wèi zhì， ér qiě
关键在于月球在绕地球公转时所处的位置，而且

yuè xiàng chū xiàn de shí jiān， yě hé qián shù yuán yīn yǒu
月相出现的时间，也和前述原因有

guān。 dāng yuè qiú gōng zhuàn zhì yuè qiú shàng
关。当月球公转至月球上

xián de wèi zhì shí， xià wǔ jiù kě jiàn
弦的位置时，下午就可见

dào yuè liang； ér zài xià xián wèi
到月亮；而在下弦位

zhì shí qián bàn yè kàn bú jiàn
置时前半夜看不见

yuè liang， shàng wǔ réng kě
月亮，上午仍可

yǐ jiàn dào zài xī fāng tiān
以见到在西方天

kōng de yuè qiú。
空的月球。

为什么我们感觉不到地球在转

地球不仅围绕太阳公转，它本身也在无时无刻地进行自转。可我们生活在地球上，为什么感觉不到它在转呢？首先地球有吸引力，紧紧地把我们吸住，另外地球很大，转得又平稳，自然感觉不到它在转动了。

想要感觉地球在转动，就抬头看看天空，太阳、月亮都从东方升起来，又从西方落下，就知道地球是从西往东转动了。

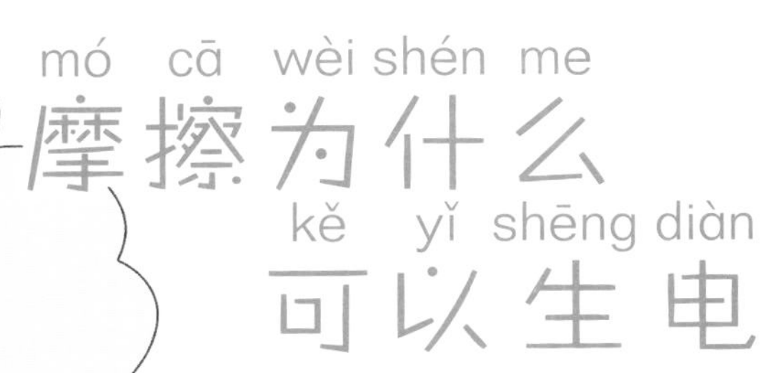

mó cā wèi shén me kě yǐ shēng diàn
摩擦为什么可以生电

dāng liǎng gè wù tǐ mó cā shí qí zhōng yí gè huì shī qù yì xiē diàn zǐ ér lìng yí gè zé xiāng yìng dé dào yì xiē diàn zǐ shī qù diàn zǐ de wù tǐ zhèng diàn hè xiāng duì jiù duō le suǒ yǐ dài zhèng diàn dāng dài yǒu zhèng fù diàn hè de zhè liǎng gè wù tǐ kào jìn shí yóu yú tóng xìng diàn hè xiāng chì yì xìng diàn hè xiāng xī tā men jiù huì xiāng hù xī yǐn

当两个物体摩擦时，其中一个会失去一些电子，而另一个则相应得到一些电子。失去电子的物体正电荷相对就多了，所以带正电。当带有正负电荷的这两个物体靠近时，由于同性电荷相斥异性电荷相吸，它们就会相互吸引。

nà bú dài diàn de wù tǐ yě huì shòu dào dài diàn wù tǐ de gǎn yìng ér dài diàn bìng qiě yǔ zhī xiāng hù xī yǐn

那不带电的物体也会受到带电物体的感应而带电，并且与之相互吸引。

wèi shén me rén bú huì
为什么人不会
cóng dì qiú shang diào xià qù
从地球上掉下去

dì qiú shì yuán de bìng qiě yì zhí zài xuán zhuàn dàn shì rén jí shǐ tiào qi lai
地球是圆的并且一直在旋转，但是人即使跳起来
yě huì mǎ shàng zháo dì qí shí zhè shì yīn wèi yǐn lì xī yǐn zhe dì qiú
也会马上着地。其实这是因为引力吸引着地球
shang de wù tǐ suǒ yǐ rén bù néng cóng dì qiú shang diào xia qu wù
上的物体，所以人不能从地球上掉下去。物
tǐ yào kè fú yǐn lì fēi chū qù jiù děi kǎo lǜ bì xū chāo guò duō dà
体要克服引力飞出去，就得考虑必须超过多大
de sù dù yīn cǐ yào xiǎng wán quán tuō lí dì qiú de yǐn lì dī
的速度。因此，要想完全脱离地球的引力，低
yú zhè ge sù dù shì gēn
于这个速度是根
běn bù xíng de
本不行的。

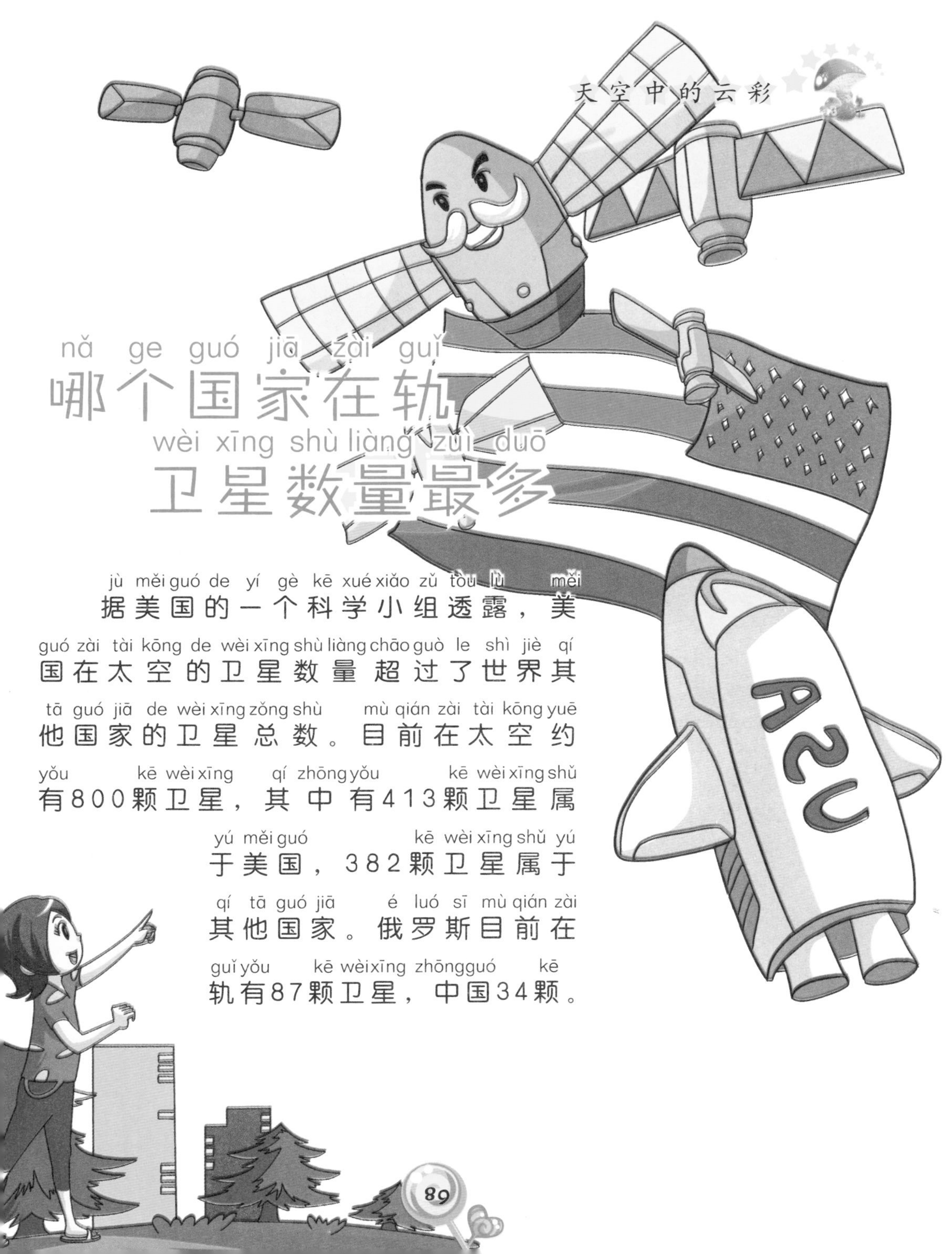

nǎ ge guó jiā zài guǐ 哪个国家在轨 wèi xīng shù liàng zuì duō 卫星数量最多

jù měi guó de yí gè kē xué xiǎo zǔ tòu lù měi
据美国的一个科学小组透露，美
guó zài tài kōng de wèi xīng shù liàng chāo guò le shì jiè qí
国在太空的卫星数量超过了世界其
tā guó jiā de wèi xīng zǒng shù mù qián zài tài kōng yuē
他国家的卫星总数。目前在太空约
yǒu kē wèi xīng qí zhōng yǒu kē wèi xīng shǔ
有800颗卫星，其中有413颗卫星属
yú měi guó kē wèi xīng shǔ yú
于美国，382颗卫星属于
qí tā guó jiā é luó sī mù qián zài
其他国家。俄罗斯目前在
guǐ yǒu kē wèi xīng zhōng guó kē
轨有87颗卫星，中国34颗。

海水为什么会时涨时落

我们通常把海水的涨落称为潮汐，而引起潮汐的原因主要是月球的“引潮力”在起作用。这个引潮力是月球对地面的引力，加上地球、月球转动时的惯性离心力所形成的合力。地球每天自转1周，一天之内，地球上任何一个地方总有1次向着月球，1次背着月球，所以地球上绝大部分的海水，每天总有2次涨潮和2次落潮。

dà qì hé jí bìng de guān xì
大气和疾病的关系

qì xiàng tiáo jiàn běn shēn jiù shì yí gè zhì bìng de yīn sù bǐ rú gāo
气象条件本身就是一个致病的因素，比如，高
wēn kě yǐ shǐ rén zhòng shǔ ér dī wēn yòu kě shǐ rén shēng dòng chuāng zhè shì
温可以使人中暑，而低温又可使人生冻疮。这是
qì xiàng tiáo jiàn zhí jiē zào chéng de jí bìng cǐ wài qì xiàng tiáo jiàn hái kě yǐ
气象条件直接造成的疾病。此外，气象条件还可以
zuò wéi yí gè dǎo huǒ suǒ jiàn jiē duì rén chǎn shēng yǐng xiǎng rú hán cháo kě yòu
作为一个导火索，间接对人产生影响。如寒潮可诱
fā gǎn mào qì guǎn yán qì yā shī dù qì wēn de dà fú dù biàn dòng kě
发感冒、气管炎，气压、湿度、气温的大幅度变动可
yǐ shǐ guān jié tòng jiā zhòng yóu cǐ kě jiàn dà qì huán jìng bù jǐn duì rén lèi de
以使关节痛加重。由此可见，大气环境不仅对人类的
shēng chǎn shēng huó yǒu zhí jiē yǐng xiǎng ér
生产、生活有直接影响，而
qiě yǔ rén tǐ xǔ duō jí bìng yě yǒu mì qiè de
且与人体许多疾病也有密切的
guān xì
关系。

chòuyǎngcéng wèi shén me néng pò dòng

臭氧层为什么能破洞

dà liàng de zǐ wài xiàn huì dǎo zhì pí fū ái de fā shēng ér zhè qún chòu yǎng
大量的紫外线会导致皮肤癌的发生，而这群臭氧
jiān bīng zǔ dǎng le jìn de zǐ wài xiàn zhǐ ràng nà xiē duì shēng wù yǒu yì
尖兵阻挡了近98%的紫外线，只让那些对生物有益
de guāng xiàn zhào dào dì qiú shang jìn nián lái yòng lái zhì zào lěng qì jī diàn bīng
的光线照到地球上。近年来用来制造冷气机、电冰
xiāng fā lì xiāng miè huǒ qì děng chǎn pǐn de yuán liào fú lǜ tàn huà hé wù
箱、发丽香、灭火器等产品的原料“氟氯碳”化合物
dà liàng de sàn bù dào kōng zhōng bìng qiě jìn rù le chòu yǎng céng tā men bù jǐn bù
大量地散布到空中并且进入了臭氧层。它们不仅不
róng yì xiāo shī hái huì yì diǎn yì diǎn de pò huài chòu yǎng ràng zhè qún yǒng gǎn
容易消失，还会一点一点地破坏臭氧，让这群勇敢
de chòuyǎngmen cǎn zāo xiāo shī de mìngyùn
的臭氧们惨遭消失的命运。

tái fēng zhī mí

台风之谜

rú guǒ dì qiú bú zì zhuàn nà me tái fēng yě jiù bú huì chǎn shēng dì qiú
如果地球不自转，那么台风也就不会产生。地球
zì zhuàn huì dài lái yì zhǒng lì ér zhè zhǒng lì shì guàn xìng lì de yì zhǒng
自转会带来一种力，而这种力是惯性力的一种，
kē xué jiā chēng zhī wéi kē lǐ ào lì lì jiǎn chēng kē shì lì tā de lì
科学家称之为科里奥利力（简称科氏力）。它的力
liàng fēi cháng qiáng dà dà dào kě yǐ zào chéng tái fēng tái fēng tōng cháng
量非常强大，大到可以造成台风。台风通常
yùn yù zài chì dào fù jìn de rè dài hǎi miàn shang zuì chū mǒu ge dì fang bǐ jiào
孕育在赤道附近的热带海面上。最初某个地方比较
rè kōng qì jiù huì shòu rè shàng shēng qì yā biàn dī zhōu wéi de kōng qì gǎn
热，空气就会受热上升，气压变低。周围的空气赶
lái bǔ chōng zhè ge qū yù dàn shì yóu yú kē shì lì de zuò yòng gǎn lái de
来补充这个区域，但是由于科氏力的作用，赶来的
kōng qì bú huì zhí jiē dào dá dī qì yā zhōng xīn ér shì pán xuán zhe xiàng zhōng
空气不会直接到达低气压中心，而是盘旋着向中
xīn kào jìn
心靠近。

七大著名流星雨

1．狮子座流星雨：狮子座流星雨在每年的11月14至21日出现。

2．双子座流星雨：双子座流星雨在每年的12月13至14日出现。

3．英仙座流星雨：英仙座流星雨每年固定在7月17日到8月24日这段时间出现。

4．猎户座流星雨：猎户座流星雨一般发生于10月15日到10月30日。

5．金牛座流星雨：金牛座流星雨在每年的10月25日至11月25日出现。

6．天龙座流星雨：天龙座流星雨在每年的10月6日至10日出现。

7．天琴座流星雨：天琴座流星雨一般出现于每年的4月19日至23日。

wèi shén me huì chǎnshēng yǐn lì
为什么会产生引力

suǒ yǒu wù zhì zhī jiān hù xiāng cún zài de xī yǐn lì yǔ wù
所有物质之间互相存在的吸引力与物
tǐ de zhì liàng tǐ jī yǒu guān wù tǐ rú guǒ jù lí guò jìn
体的质量体积有关。物体如果距离过近，
huì chǎn shēng yí dìng de chì lì yǐn lì de chǎn shēng yǔ zhì
会产生一定的斥力。引力的产生与质
liàng de chǎn shēng shì lián xì zài
量的产生是联系在
yì qǐ de zhì liàng shì yóu kōng
一起的，质量是由空
jiān de biàn huà chǎn shēng de yì
间的变化产生的一
zhǒng xiào yìng yǐn lì fù shǔ zhì
种效应，引力附属质
liàng de chǎnshēng ér chūxiàn
量的产生而出现。

sì jì xīngkōng
四季星空

hán lái shǔ wǎng dǒu zhuǎn xīng yí zhè shuō
寒来暑往，斗转星移。这说
míng suí zhe yì nián sì jì de biàn gēng sì jì xīng
明随着一年四季的变更，四季星
kōng yě zài biàn huà yóu yú dì qiú zài rào tài yáng
空也在变化。由于地球在绕太阳
yùn dòng guò chéng zhōng dì qiú hé tài yáng de xiāng
运动过程中，地球和太阳的相
duì wèi zhì bú duàn biàn huà yīn cǐ yì nián zhōng
对位置不断变化，因此，一年中
tóng shì zài wǎn shang bù tóng jì jié kàn dào de xīng
同是在晚上，不同季节看到的星
xiàng shì bù yí yàng de
象是不一样的。

dōng tiān wèi shén me bù dǎ léi
冬天为什么不打雷

fā shēng dǎ léi xū yào mǎn zú liǎng gè tiáo jiàn yī
发生打雷需要满足两个条件，一
shì yún céng jī lěi le dà liàng de diàn hè èr shì fàng diàn
是云层积累了大量的电荷，二是放电
tú jìng shùn chàng ér zài xià xuě tiān bú huì dǎ léi wǒ rèn wéi yǒu gè yuán yīn yī
途径顺畅。而在下雪天不会打雷我认为有2个原因：一
shì xià xuě duō zài dōng tiān ér yún chǎn shēng diàn hè zhǔ yào shì yīn wèi shàng shēng
是下雪多在冬天，而云产生电荷主要是因为上升
qì liú hé tā de mó cā dōng tiān hěn shǎo yǒu shàng shēng qì liú suǒ yǐ diàn hè
气流和它的摩擦，冬天很少有上升气流，所以电荷
jī lěi bù duō èr shì dōng tiān li kōng qì shī dù bù rú xià tiān dà shī rùn de
积累不多。二是冬天里空气湿度不如夏天大，湿润的
kōng qì cái róng yì dǎo diàn suǒ yǐ dōng
空气才容易导电，所以冬
tiān de yún bù róng yì fàng diàn
天的云不容易放电。

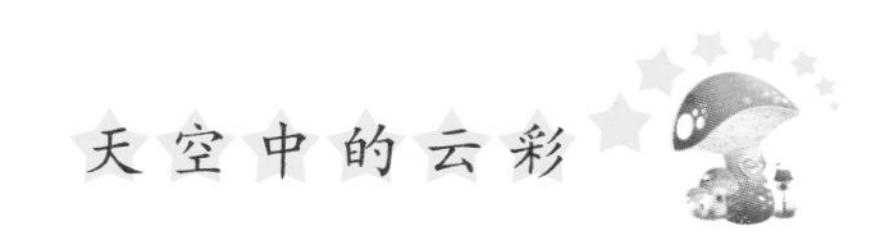

bié jù fēng wèi de tài kōng shí pǐn
别具风味的太空食品

tài kōng zhōng suǒ yǒu de wù pǐn dōu shī qù le zhòng liàng biàn de kě yǐ suí chù
太空中所有的物品都失去了重量，变得可以随处
fēi yáng hǎo xiàng kōng qì yí yàng zhè yàng yǔ háng yuán jiù bù néng xiàng zài dì
飞扬，好像空气一样。这样，宇航员就不能像在地
qiú shang nà yàng kě yǐ suí shí qǔ shí qīng sōng de jiáo
球上那样，可以随时取食，轻松地嚼
yàn bù rán jiù huì yīn shí wù bù néng xià yàn ér qiǎ zài shí
咽，不然就会因食物不能下咽而卡在食
dào zhōng jiān wēi jí shēng mìng xiàn zài gōng yǔ háng yuán
道中间，危及生命。现在供宇航员
shí yòng de shí pǐn zhǒng lèi fán duō bù jǐn yǒu xīn xiān de
食用的食品种类繁多，不仅有新鲜的
miàn bāo shuǐ guǒ qiǎo kè lì yě yǒu zhuāng zài tài kōng
面包、水果、巧克力，也有装在太空
shí pǐn hé li de chǎo cài ròu wán děng hái yǒu fān qié
食品盒里的炒菜、肉丸等，还有番茄
jiàng děng tiáo wèi pǐn zhè xiē shí pǐn dà
酱等调味品。这些食品大
duō shì gāo dù nóng suō de liú zhì
多是高度浓缩的、流质
zhuàng de
状的。

zǐ wài xiàn
紫外线

zǐ wài xiàn qiáng liè zuò yòng yú pí fū shí kě
紫外线强烈作用于皮肤时，可

fā shēng guāng zhào xìng pí yán pí fū shang chū xiàn
发生光照性皮炎，皮肤上出现

hóng bān yǎng shuǐ pào shuǐ zhǒng děng yán zhòng de hái kě yǐn qǐ pí fū ái
红斑、痒、水疱、水肿等；严重的还可引起皮肤癌。

zǐ wài xiàn zài yì nián sì jì dōu cún zài suī rán dōng jì tài yáng guāng xiǎn de bǐ
紫外线在一年四季都存在，虽然冬季太阳光显得比

jiào wēn he qiě běi fāng duō wù dàn shì zǐ wài xiàn jǐn jǐn bǐ xià tiān ruò yuē
较温和且北方多雾，但是紫外线仅仅比夏天弱约20%，

réng rán huì duì rén tǐ pí
仍然会对人体皮

fū hé yǎn jing děng bù
肤和眼睛等部

wèi zào chéng hěn dà wēi
位造成很大危

hài suǒ yǐ dōng jì réng
害，所以冬季仍

xū bì miǎn zǐ wài xiàn
需避免紫外线

zhào shè
照射。

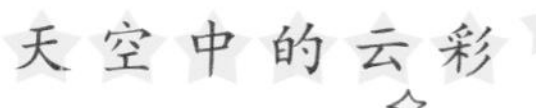

tiān wén tái
天文台

tiān wén tái shì yán jiū hé guān cè tiān wén xiàn xiàng de jī gòu tiān wén wàng
天文台是研究和观测天文现象的机构。天文望
yuǎn jìng fā míng yǐ hòu tiān wén tái dé dào le hěn dà de fā zhǎn xǔ duō tiān wén
远镜发明以后，天文台得到了很大的发展，许多天文
tái zhuāng bèi le dà kǒu jìng fǎn shè wàng yuǎn jìng duì yú hào hàn wú biān de yǔ
台装备了大口径反射望远镜。对于浩瀚无边的宇
zhòu lái shuō tiān wén tái zhǐ shì yí gè miǎo xiǎo de bù néng zài miǎo xiǎo de guān chá
宙来说，天文台只是一个渺小得不能再渺小的观察
zhàn dàn tā què ràng wǒ men bú duàn tuò zhǎn guān chá yǔ zhòu de shì yě gēng shēn
站，但它却让我们不断拓展观察宇宙的视野，更深
rù de liǎo jiě yǔ zhòu
入地了解宇宙
de ào mì
的奥秘。

xīn tiān wén jì shù

新天文技术

jīn tiān rén lèi kē jì rì xīn yuè yì de fā
今天，人类科技日新月异的发
zhǎn wèi tài kōng tàn cè tí gōng le cóng lái méi yǒu
展，为太空探测提供了从来没有
guò de zhī chí qiáng dà de shè diàn wàng yuǎn jìng
过的支持。强大的射电望远镜
shǐ rén lèi guān cè yǔ zhòu de néng lì dà dà tí gāo
使人类观测宇宙的能力大大提高
le xiān jìn de xíng xīng tàn cè qì shǐ rén lèi de
了，先进的行星探测器使人类的
zú jì tà shàng qí tā xīng qiú fā xiàn xǔ duō xīn
足迹踏上其他星球，发现许多新
de xiàn xiàng hé wèn tí zǒng zhī wèi lái tiān wén
的现象和问题。总之，未来天文
guān cè kěn dìng huì dài gěi wǒ men xǔ duō jīng qí hé
观测肯定会带给我们许多惊奇和
zhèn hàn
震撼。

shén me shì tiān wén jiè

什么是天文界

tiān wén jiè shì tiān wén xué guān chá hé yán jiū yǔ zhòu jiān tiān tǐ de xué kē

天文界是天文学观察和研究宇宙间天体的学科，

tā yán jiū tiān tǐ de fēn bù yùn dòng wèi zhì zhuàng tài jié gòu zǔ chéng

它研究天体的分布、运动、位置、状态、结构、组成、

xìng zhì jí qǐ yuán hé yǎn huà shì zì rán kē xué zhōng de yì mén jī chǔ xué kē

性质及起源和演化，是自然科学中的一门基础学科。

tiān wén xué yǔ qí tā zì rán kē xué de yí gè xiǎn zhù bù tóng zhī chù zài yú tiān

天文学与其他自然科学的一个显著不同之处在于，天

wén xué de shí yàn fāng fǎ shì guān cè tōng guò guān cè lái shōu jí tiān tǐ de gè

文学的实验方法是观测，通过观测来收集天体的各

zhǒng xìn xī yīn ér duì guān cè fāng fǎ hé guān cè shǒu duàn de yán jiū shì tiān

种信息。因而对观测方法和观测手段的研究，是天

wén xué jiā nǔ lì yán jiū de yí gè fāng xiàng zài gǔ dài tiān wén xué hái yǔ lì fǎ

文学家努力研究的一个方向。在古代，天文学还与历法

de zhì dìng yǒu bù kě fēn gē de guān xì xiàn dài tiān wén xué yǐ jīng fā zhǎn chéng

的制定有不可分割的关系。现代天文学已经发展成

wéi guān cè quán diàn cí bō

为观测全电磁波

duàn de kē xué

段的科学。

tài kōng lā jī
太空垃圾

tài kōng lā jī jiù shì zài rén lèi tàn suǒ yǔ zhòu de guò chéng zhōng bèi rén lèi
太空垃圾就是在人类探索宇宙的过程中，被人类
yǒu yì wú yì de yí qì zài yǔ zhòu kōng jiān zhōng de gè zhǒng cán hái hé fèi wù
有意无意地遗弃在宇宙空间中的各种残骸和废物。
rú bào fèi de wèi xīng guǐ dào qì huǒ jiàn cán hái děng piāo fú zài tài kōng xíng
如：报废的卫星、轨道器、火箭残骸等，漂浮在太空形
chéng tài kōng lā jī tài kōng lā jī wán quán shì rén wéi zào chéng de rú hé
成太空垃圾。太空垃圾完全是人为造成的，如何
kòng zhì hé xiāo chú zhè xiē lā jī shì yí gè bì xū jiě jué de wèn tí fǒu zé tā men
控制和消除这些垃圾是一个必须解决的问题。否则它们
duì gè guó de qì xiàng wèi xīng tōng xìn wèi xīng kě néng zào chéng hěn dà de wēi xié
对各国的气象卫星、通信卫星可能造成很大的威胁
hé pò huài
和破坏！

yǔn shí
陨石

yǔn shí shì dì qiú yǐ wài wèi rán jìn de yǔ
陨石是地球以外，未燃尽的宇
zhòu liú xīng tuō lí yuán yǒu yùn xíng guǐ dào huò chéng
宙流星脱离原有运行轨道或成
suì kuài sàn luò dào dì qiú huò qí tā xíng xīng biǎo miàn
碎块散落到地球或其他行星表面
de shí zhì de tiě zhì de huò shì shí tiě hùn hé
的、石质的、铁质的或是石铁混合
wù zhì yě chēng yǔn xīng dà duō shù yǔn shí
物质，也称“陨星”。大多数陨石
lái zì xiǎo xíng xīng dài xiǎo bù fen lái zì yuè qiú hé
来自小行星带，小部分来自月球和
huǒxīng
火星。

pào dàn xīng xì

炮弹星系

pào dàn xīng xì shì kē xué jiā fā xiàn de yí gè qí tè de xīng
炮弹星系是科学家发现的一个奇特的星

xì tā de tǐ jī hěn xiǎo què yōng yǒu mì jí de zhì liàng
系，它的体积很小，却拥有密集的质量，

dàn shēng yú zǎo qī yǔ zhòu kē xué jiā hěn xíng xiàng de
诞生于早期宇宙。科学家很形象地

chēng tā wéi zǎo qī yǔ zhòu pào dàn xīng xì
称它为“早期宇宙炮弹星系”，

ér dāng qián réng wú fǎ jiě shì wèi shén me rú cǐ
而当前仍无法解释为什么如此

zhì liàng mì jí de xīng xì zhí dào xiàn jīn
质量密集的星系直到现今

cái bèi fā xiàn
才被发现。

tài kōng zhōng de "bié shù"
太空中的"别墅"

kōng jiān zhàn yòu chēng tài kōng zhàn háng tiān zhàn huò guǐ dào zhàn shì tài kōng zhōng de "bié shù" kōng jiān zhàn tōng cháng yóu duì jiē háng cāng qì zhá cāng guǐ dào cāng shēng huó cāng hòu qín fú wù cāng zhuān yòng shè bèi cāng hé tài yáng néng diàn chí děng jǐ bù fen zǔ chéng duì jiē cāng shì zhǔ yào yòng yú tíng kào jiē sòng yǔ háng yuán hé yùn sòng wù zī de háng tiān qì qì zhá cāng shì yǔ háng yuán zài guǐ dào shang chū rù kōng jiān zhàn de tōng dào guǐ dào cāng shì yǔ háng yuán zài guǐ dào shang de zhǔ yào gōng zuò chǎng suǒ zhuān yòng shè bèi cāng ān zhuāng zhuān yòng yí qì tài yáng néng diàn chí ān zhuāng zài kōng jiān zhàn cāng tǐ de wài cè huò héng jià shang wèi kōng jiān zhàn tí gōng diàn lì

空间站又称太空站、航天站或轨道站，是太空中的"别墅"。空间站通常由对接航舱、气闸舱、轨道舱、生活舱、后勤服务舱、专用设备舱和太阳能电池等几部分组成。对接舱是主要用于停靠接送宇航员和运送物资的航天器。气闸舱是宇航员在轨道上出入空间站的通道。轨道舱是宇航员在轨道上的主要工作场所。专用设备舱安装专用仪器。太阳能电池安装在空间站舱体的外侧或桁架上，为空间站提供电力。

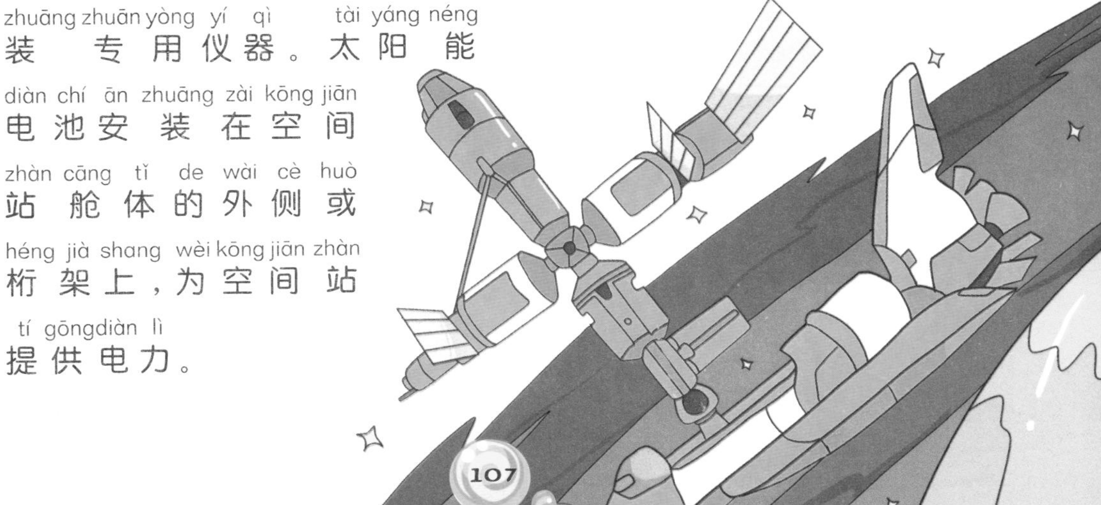

dì qiú de zì zhuàn sù dù shì yǒngyuǎn bú biàn de ma
地球的自转速度是永远不变的吗

yì bān ér yán dì qiú de zì zhuàn shì jūn yún de jīng guò
一般而言，地球的自转是均匀的。经过
duō nián de nǔ lì kē xué jiā men fā xiàn le yí gè zhòng dà de mì
多年的努力，科学家们发现了一个重大的秘
mì bìng què rèn dì qiú de zì zhuàn sù dù shì bù jūn yún de rén men yǐ jīng fā
密，并确认地球的自转速度是不均匀的。人们已经发
xiàn dì qiú de zì zhuàn sù dù yǒu yǐ
现地球的自转速度有以
xià zhǒng biàn huà yī shì cháng qī
下3种变化：一是长期
jiǎn màn èr shì bù guī zé biàn huà
减慢，二是不规则变化，
sān shì zhōu qī xìng biàn huà
三是周期性变化。

dì qiú zì zhuàn hái cún zài zhe
地球自转还存在着
shí kuài shí màn de bù guī zé biàn
时快时慢的不规则变
huà qí yuán yīn shàng dài jìn yí bù
化，其原因尚待进一步
yán jiū
研究。

rén zào wèi xīng wèi shén me dōu yào shùn zhe dì qiú zì zhuàn de fāngxiàng fā shè
人造卫星为什么都要顺着地球自转的方向发射

fā shè rén zào wèi xīng zhī suǒ yǐ yào shùn zhe dì qiú zì zhuàn de fāng xiàng dào lǐ gēn shùn shuǐ xíng zhōu yí yàng jiù shì yào jiè yì gǔ wài lì zhè gǔ wài lì bú shì bié de zhèng shì dì qiú zì zhuàn de sù dù

发射人造卫星之所以要顺着地球自转的方向，道理跟顺水行舟一样，就是要借一股外力，这股外力不是别的，正是地球自转的速度。

zhòng suǒ zhōu zhī dì qiú yóu xī xiàng dōng zì zhuàn dì qiú zì zhuàn de xiàn sù yuè màn yuè jiē jìn chì dào xiàn sù dù yuè kuài yuè jiē jìn jí diǎn zhè jiù gēn chàng piàn zài liú shēng jī shang zhuàn dòng yí gè dào lǐ tóng yàng zhuàn yì zhōu wài quān pǎo de lù cháng lǐ quān pǎo de lù duǎn

众所周知，地球由西向东自转，地球自转的线速越慢，越接近赤道；线速度越快，越接近极点。这就跟唱片在留声机上转动一个道理，同样转一周，外圈跑的路长，里圈跑的路短。

dì qiú nèi bù de rè néng lái zì nǎ lǐ

地球内部的热能来自哪里

dì qiú nèi bù de rè néng zhǔ yào lái zì yú dì qiú shang fàng shè xìng yuán sù tuì biàn chǎn shēng de rè néng yǐ jí dì qiú zhuàn dòng hé qí tā huà xué fǎn yìng chǎn shēng de rè néng yóu yán shí zǔ chéng de dì qiào shì bù liáng rè dǎo tǐ tā néng gòu bǎ dì qiú nèi bù de rè liàng fēng zhù dì rè de zǒng yùn cáng liàng dà yuē shì dì qiú méi tàn zǒng liàng de yì bèi

地球内部的热能主要来自于地球上放射性元素蜕变产生的热能，以及地球转动和其他化学反映产生的热能。由岩石组成的地壳是不良热导体，它能够把地球内部的热量封住。地热的总蕴藏量大约是地球煤炭总量的1.7亿倍。

dì qiú shang de shuǐ huì bèi yòng wán ma
地球上的水会被用完吗

zài dì qiú shang rén zhí wù dòng wù dōu shì lí bù kāi shuǐ de yīn cǐ kàn chū shuǐ shì duō me de zhòng yào xǔ duō rén dōu dān xīn yǒu yì tiān dì qiú shang de shuǐ huì bèi yòng wán qí shí zhè shì bú huì fā shēng de dì qiú shang de shuǐ shì bú huì bèi yòng wán de

在地球上，人、植物、动物都是离不开水的，因此看出水是多么的重要。许多人都担心有一天地球上的水会被用完，其实这是不会发生的，地球上的水是不会被用完的。

tài yáng měi tiān dōu huì bǎ dì miàn hé miàn hǎi miàn shang de shuǐ shài rè qí zhōng yǒu yí bù fen shuǐ biàn chéng shuǐ zhēng qì zhè xiē shuǐ zhēng qì shàng shēng dào kōng zhōng hòu biàn chéng le yún ér yún yòu huì biàn chéng yǔ hé xuě luò xià lái zuì hòu yòu biàn chéng wǒ men kě yǐ yòng de shuǐ zhè shì yí gè fǎn fù xún huán de guò chéng suǒ yǐ dì qiú shang de shuǐ shì bú huì bèi yòng wán de

太阳每天都会把地面、河面、海面上的水晒热，其中有一部分水变成水蒸气，这些水蒸气上升到空中后变成了云，而云又会变成雨和雪落下来，最后又变成我们可以用的水。这是一个反复循环的过程，所以地球上的水是不会被用完的。

fēi chuán wèi shén me dà duō 飞船为什么大多 xuǎn zài wǎnshang fā shè 选在晚上发射

fēi chuán de fā shè chuāng kǒu zhī suǒ yǐ xuǎn zé zài yè
飞船的发射窗口之所以选择在夜
wǎn ér bú shì bái tiān zuì zhòng yào de yuán yīn shì biàn yú fēi
晚而不是白天，最重要的原因是便于飞
chuán fā shè shēng kōng shí dì miàn de guāng xué gēn zōng cè
船发射升空时，地面的光学跟踪测
liáng shè bèi yì yú bǔ zhuō dào gēn zōng mù biāo
量设备易于捕捉到跟踪目标。
dào lǐ hěn jiǎn dān zài qī hēi de yè kōng zhōng
道理很简单，在漆黑的夜空中，
pēn shè zhe huǒ yàn xiàng tài kōng
喷射着火焰向太空
fēi xíng de zài yǒu fēi chuán de
飞行的载有飞船的
huǒ jiàn fēi cháng xiǎn yǎn hé tū
火箭非常显眼和突
chū
出。

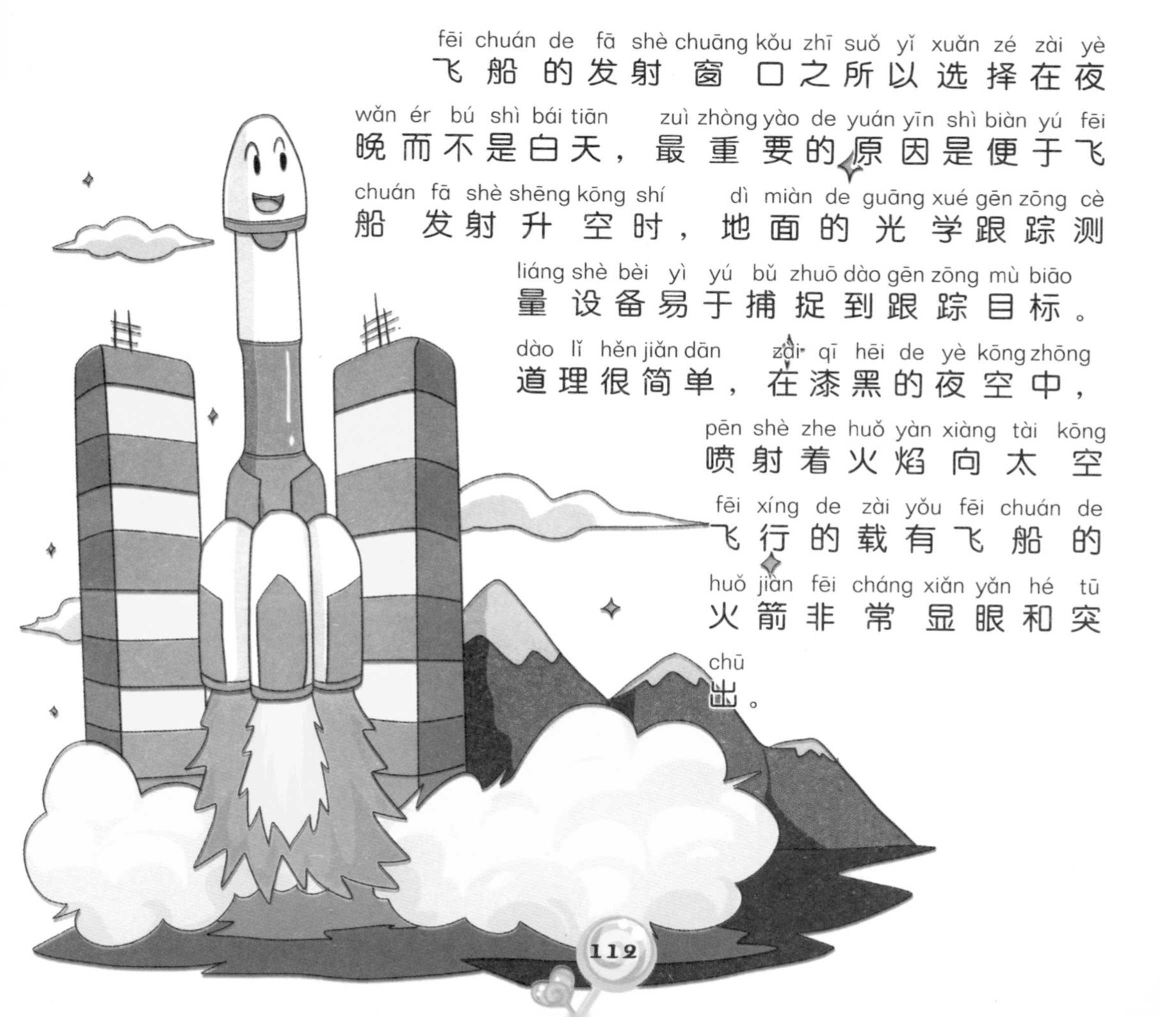

dì qiú shang zěn me fēn biàn dōng nán xī běi
地球上怎么分辨东南西北

dì qiú shang de fāng xiàng shì yóu dì qiú zì zhuàn què dìng de rén men gēn jù dì qiú zì zhuàn de fāng xiàng lái què dìng dōng xī fāng xiàng shùn zhe dì qiú zì zhuàn de fāng xiàng shì dōng nì zhe dì qiú zì zhuàn de fāng xiàng shì xī dì qiú rào zhe dì zhóu zì zhuàn dì zhóu de liǎng duān jiào liǎng jí rú guǒ zài dì zhóu yì duān de shàng kōng kàn dì qiú zì zhuàn de fāng xiàng nì shí zhēn de yì duān jiù shì běi jí shùn shí zhēn de yì duān jiù shì nán jí nán jí shì zuì nán de jí diǎn dì qiú shang yí qiè xiàng zhe nán jí de fāng xiàng jiào nán fāng běi jí shì zuì běi de jí diǎn dì qiú shang yí qiè xiàng zhe běi jí de fāng xiàng jiào běi fāng

地球上的方向，是由地球自转确定的。人们根据地球自转的方向来确定东西方向：顺着地球自转的方向是东，逆着地球自转的方向是西。地球绕着地轴自转，地轴的两端叫两极。如果在地轴一端的上空看地球自转的方向，逆时针的一端就是北极；顺时针的一端就是南极。南极是最南的极点，地球上一切向着南极的方向叫南方。北极是最北的极点，地球上一切向着北极的方向叫北方。

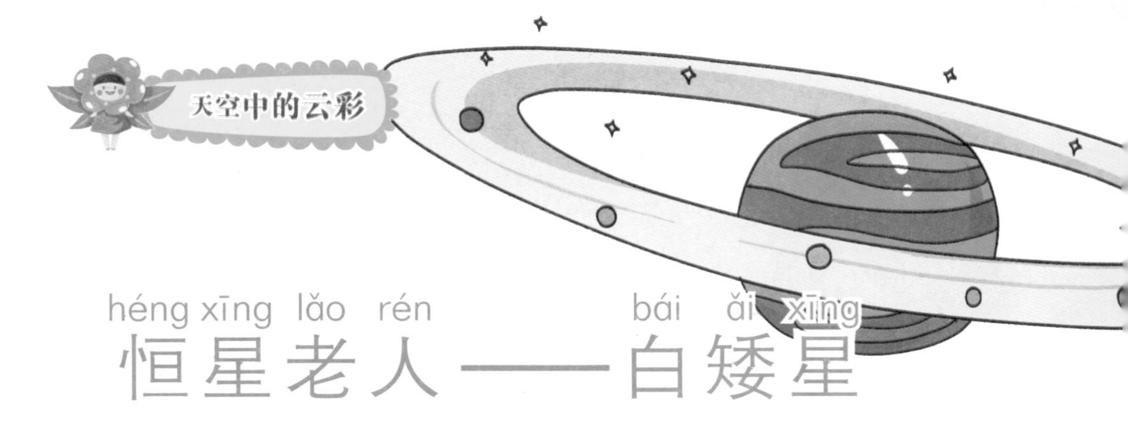

héng xīng lǎo rén bái ǎi xīng
恒星老人——白矮星

bái ǎi xīng shì yì zhǒng dī guāng dù gāo mì dù gāo wēn dù de héng xīng yīn wèi tā de yán sè chéng bái sè tǐ jī bǐ jiào ǎi xiǎo yīn cǐ bèi mìng míng wéi bái ǎi xīng bái ǎi xīng shì yì zhǒng wǎn qī de héng xīng gēn jù xiàn dài héng xīng yǎn huà lǐ lùn bái ǎi xīng shì zài hóng jù xīng de zhōng xīn xíng chéng de bái ǎi xīng shì yì zhǒng hěn tè shū de tiān tǐ tā de tǐ jī xiǎo liàng dù dī dàn zhì liàng dà mì dù jí gāo

白矮星是一种低光度、高密度、高温度的恒星。因为它的颜色呈白色、体积比较矮小，因此被命名为白矮星。白矮星是一种晚期的恒星。根据现代恒星演化理论，白矮星是在红巨星的中心形成的。白矮星是一种很特殊的天体，它的体积小、亮度低，但质量大、密度极高。

太阳风

太阳风是从恒星上层大气射出的超声速等离子体带电粒子流。在不是太阳的情况下，这种带电粒子流也常称为“恒星风”。太阳风连续存在，这种物质虽然与地球上的空气不同，不是由气体的分子组成，而是由更简单的比原子还小一个层次的基本粒子——质子和电子等组成，但它们流动时所产生的效应与空气流动十分相似，所以称它为太阳风。

qiān zī bǎi tài de yuè xiàng

千姿百态的月相

yuè qiú míng àn
月球明暗
liǎng bù fen bú duàn biàn huà
两部分不断变化
de zhuàng kuàng jiào zuò yuè xiàng
的状况叫作月相。

yuè xiàng de biàn huà jiù shì yóu xīn yuè zhú jiàn
月相的变化，就是由新月逐渐
biàn chéng mǎn yuè yòu yóu mǎn yuè zhú jiàn biàn chéng xīn yuè
变成满月，又由满月逐渐变成新月
de guò chéng dāng xīn yuè chū xiàn de shí hou yuè qiú hé tài yáng wèi yú dì qiú de
的过程。当新月出现的时候，月球和太阳位于地球的
tóng cè zhè jiào zuò rì yuè xiàng hé yòu jiào zuò shuò dāng mǎn yuè chū xiàn
同侧，这叫作日月相合，又叫做“朔”。当满月出现
de shí hou yuè qiú hé tài yáng wèi yú dì qiú de liǎng cè zhè jiào zuò rì yuè xiàng
的时候，月球和太阳位于地球的两侧，这叫作日月相
chōng yòu jiào zuò wàng suǒ yǐ yuè xiàng de biàn huà yòu kě jiào zuò shuò wàng
冲，又叫作“望”。所以月相的变化，又可叫作朔望
biàn huà
变化。

tǔ xīngguānghuán
土星光环

tǔ xīng kě suàn shì tài yáng xì zhōng jiào wéi
土星可算是太阳系中较为
qí tè de yì kē xíngxīng zài wàngyuǎn jìng zhōng
奇特的一颗行星，在望远镜中
kàn lái tā de wài biǎo yóu rú yì dǐng cǎo mào
看来，它的外表犹如一顶草帽，
zài yuán qiú xíng de xīng tǐ zhōu wéi yǒu yì quān hěn
在圆球形的星体周围有一圈很
kuān de mào yán zhè jiù shì tǔ xīng guāng
宽的“帽沿”，这就是土星光
huán yòu chēng tǔ xīng huán guāng
环，又称土星环。光
huán de cún zài shǐ de tǔ xīng
环的存在使得土星
chéng wéi qún xīng zhōng zuì měi lì
成为群星中最美丽
de yì kē lìng guān shǎng zhě zàn
的一颗，令观赏者赞
tàn bù yǐ
叹不已。

tǎng zhe xuánzhuàn de tiānwáng xīng

躺着旋转的天王星

tiān wáng xīng shì dì yī kē zài xiàn dài fā xiàn de xíng
天王星是第一颗在现代发现的行
xīng suī rán tā de guāng dù yǔ wǔ kē chuán tǒng xíng xīng yí
星，虽然它的光度与五颗传统行星一
yàng liàng dù shì ròu yǎn kě jiàn de dàn yóu yú jiào wéi àn dàn ér
样，亮度是肉眼可见的，但由于较为黯淡而
wèi bèi gǔ dài de guān cè zhě fā xiàn tiān wáng xīng de zì zhuàn zhóu
未被古代的观测者发现。天王星的自转轴
kě yǐ shuō shì tǎng zài guǐ dào píng miàn shang de zhè shǐ tā de jì jié
可以说是躺在轨道平面上的，这使它的季节
biàn huà wán quán bù tóng yú qí tā de xíng xīng qí tā xíng xīng de zì zhuàn
变化完全不同于其他的行星。其他行星的自转
zhóu xiāng duì yú tài yáng xì de guǐ dào píng miàn dōu shì cháo shàng de tiān
轴相对于太阳系的轨道平面都是朝上的，天
wáng xīng de zhuàn dòng zé xiàng qīng dǎo ér bèi niǎn yā
王星的转动则像倾倒而被碾压
guò qù de qiú
过去的球。

jīn xīng líng rì

金星凌日

jīn xīng guǐ dào zài dì qiú guǐ dào nèi cè mǒu xiē tè shū shí kè dì qiú
金星轨道在地球轨道内侧，某些特殊时刻，地球、
jīn xīng tài yáng huì zài yì tiáo zhí xiàn shang zhè shí cóng dì qiú shang kě yǐ kàn dào
金星、太阳会在一条直线上，这时从地球上可以看到
jīn xīng jiù xiàng yí gè xiǎo hēi diǎn yí yàng zài tài yáng biǎo miàn huǎn màn yí dòng
金星就像一个小黑点一样在太阳表面缓慢移动，
tiān wén xué chēng zhī wéi jīn xīng líng rì jīn xīng líng rì yǐ liǎng cì líng rì
天文学称之为“金星凌日”。金星凌日以两次凌日
wéi yì zǔ jiān gé nián dàn shì liǎng zǔ zhī jiān de jiān gé què yǒu duō nián
为一组，间隔8年，但是两组之间的间隔却有100多年。

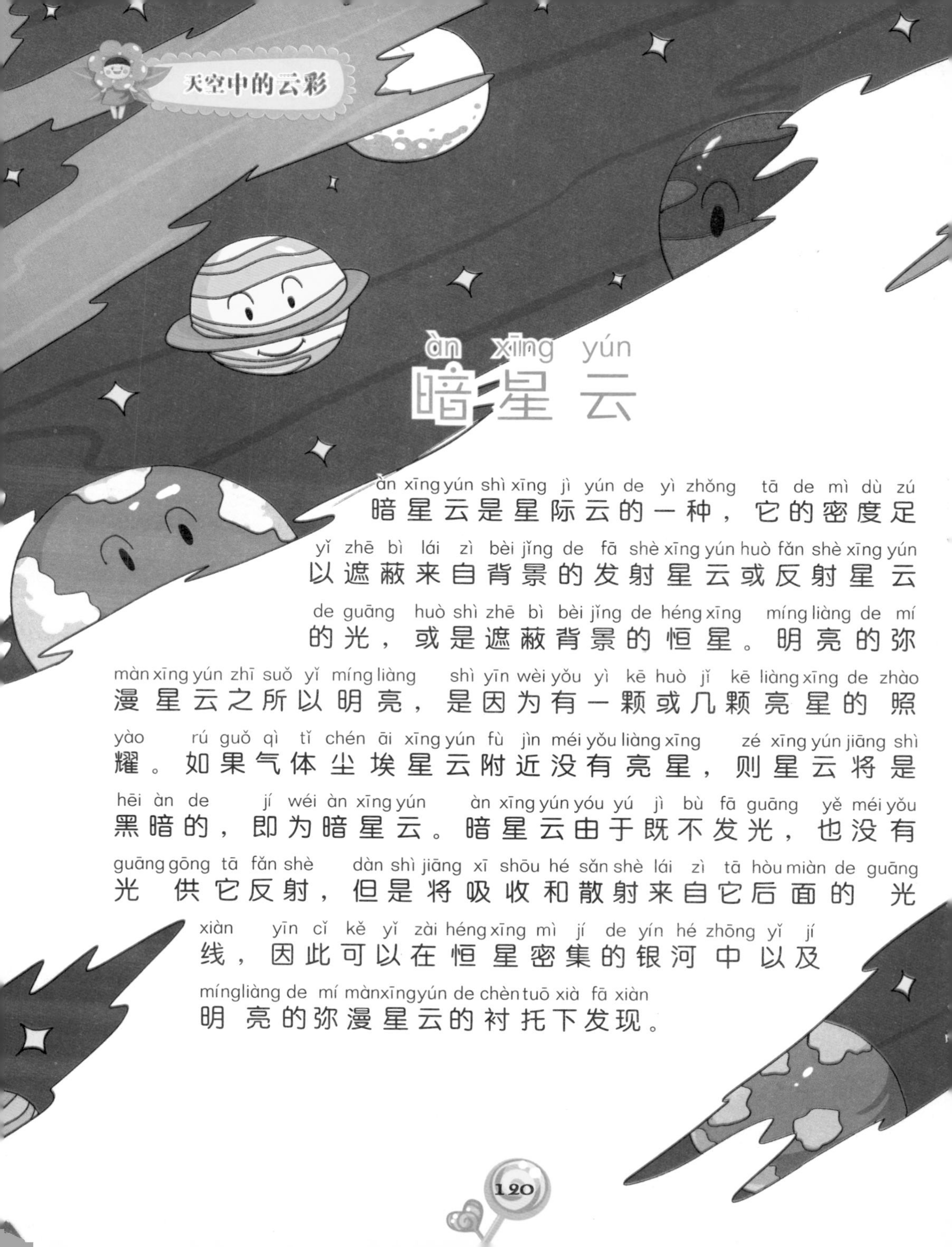

àn xīng yún
暗星云

暗星云是星际云的一种，它的密度足以遮蔽来自背景的发射星云或反射星云的光，或是遮蔽背景的恒星。明亮的弥漫星云之所以明亮，是因为有一颗或几颗亮星的照耀。如果气体尘埃星云附近没有亮星，则星云将是黑暗的，即为暗星云。暗星云由于既不发光，也没有光供它反射，但是将吸收和散射来自它后面的光线，因此可以在恒星密集的银河中以及明亮的弥漫星云的衬托下发现。